重要农林
外来入侵线虫的生物学与控制

黄文坤　彭德良　刘万学　主编

中国农业科学技术出版社

图书在版编目（CIP）数据

重要农林外来入侵线虫的生物学与控制 / 黄文坤，彭德良，刘万学主编. --北京：中国农业科学技术出版社，2022.11

ISBN 978-7-5116-5961-3

Ⅰ.①重… Ⅱ.①黄… ②彭… ③刘… Ⅲ.①外来入侵植物—线虫—生物控制—研究—中国 Ⅳ.①S432.4 ②X17

中国版本图书馆CIP数据核字（2022）第186275号

责任编辑 姚 欢 施睿佳
责任校对 李向荣
责任印制 姜义伟 王思文

出 版 者 中国农业科学技术出版社
北京市中关村南大街12号 邮编：100081
电 话 （010）82106631（编辑室） （010）82109702（发行部）
（010）82109709（读者服务部）
网 址 https: // castp.caas.cn
经 销 者 各地新华书店
印 刷 者 北京建宏印刷有限公司
开 本 148 mm × 210 mm 1/32
印 张 5.5
字 数 150千字
版 次 2022年11月第1版 2022年11月第1次印刷
定 价 80.00元

《重要农林外来入侵线虫的生物学与控制》

编委会

主　编： 黄文坤　彭德良　刘万学

副主编： 彭　焕　崔江宽　王宏宝

编　委（按姓氏笔画排序）：

王　暄　邓龙飞　龙海波　田忠玲

刘　慧　江　如　芮　凯　李云卿

李永青　李忠彩　李彩红　迟元凯

陈　敏　林　雪　卓　侃　周冬梅

姬红丽　黄宏坤　薛　清　魏利辉

《重要农林外来入侵线虫的生物学与控制》

编者名单

（按姓氏笔画排序）

王　暄　南京农业大学植物保护学院
王宏宝　江苏徐淮地区淮阴农业科学研究所
邓龙飞　湖南省汉寿县农业农村局
龙海波　中国热带农业科学院环境与植物保护研究所
田忠玲　浙江树人学院交叉科学研究院
刘　慧　全国农业技术推广服务中心
刘万学　中国农业科学院植物保护研究所
江　如　中国农业科学院植物保护研究所
芮　凯　海南省农业科学院三亚研究院
李云卿　丽水学院
李永青　云南省昭通市植保植检站
李忠彩　湖南省汉寿县农业农村局
李彩红　湖南省棉花科学研究所
迟元凯　安徽省农业科学院植物保护与农产品质量安全研究所
陈　敏　云南省昭通市植保植检站
林　雪　北京市大兴区种业与植保服务站
卓　侃　华南农业大学植物保护学院
周冬梅　江苏省农业科学院植物保护研究所
姬红丽　四川省农业科学院植物保护研究所
黄文坤　中国农业科学院植物保护研究所
黄宏坤　农业农村部农业生态与资源保护总站
崔江宽　河南农业大学植物保护学院
彭　焕　中国农业科学院植物保护研究所
彭德良　中国农业科学院植物保护研究所
薛　清　南京农业大学植物保护学院
魏利辉　江苏省农业科学院植物保护研究所

前言

PREFACE

线虫是一种低等动物，在种类上仅次于昆虫，居动物界第二位。据统计，植物病原线虫种类有4 100多种，对全球作物生产和食品安全造成很大的威胁，每年因线虫为害造成农作物损失约1 570亿美元。由于植物病原线虫形体微小且无色透明，人类肉眼很难直接看到，加之对线虫认识的缺乏，对外来入侵线虫的为害难以察觉，往往错过了最佳的防治时机，最终导致蔓延成灾。自20世纪80年代以来，我国的对外开放程度和进出口贸易逐年增加，外来有害生物随进境植物、植物产品、包装材料及旅客携带或邮件等途径进入我国的机会大大增加。为了有效地防范外来有害生物的传入，中华人民共和国国家质量监督检验检疫总局2003年颁发了《关于加强防范外来有害生物传入工作的意见》。2007年我国修订了《中华人民共和国进境植物检疫性有害生物名录》，将我国防范传入的检疫性有害生物种类由原来的84种（属）增加到435种（属），2021年增加到446种（属），其中检疫性线虫的种类达20种，大大增强了对农业和林业生产的保护作用。我国是全球受外来有害生物入侵影响较大的国家。进入21世纪以来，经济全球化使生物入侵现象越来越普遍，对人类社会的影响日益加深。外来生物入侵已成为为害我国生物安全、生态安全和国民经济发展的一个十分重要和紧迫的问题。人们更加清醒地认识到，研究和探索外来生物入侵的快速检测技术，明确其为害特征及传播方式，加强风险预警、应急处置和可持续控制技术研究，对有效降低外来入侵生物带来的为害，保障农林业生产安全和生态安全具有重要价值。

《重要农林外来入侵线虫的生物学与控制》一书，介绍了目前我国农业和林业生态系统中14种重要的入侵线虫的名称、分类地位、发生与分布、生物学特性、风险评估及防控技术等，汇集了国内外线虫检测鉴定最新技术和方法，为植物检疫工作人员、科研工作者及政府管理部门准确识别外来入侵线虫并采取有效的防控措施保护我国农林生产安全提供参考。

参与本书编写的作者均是目前国内从事植物病原线虫研究的一线科研、管理与技术推广人员，他们在项目的实施过程中掌握了大量的国内外文献信息，积累了丰富的实践经验，为本书的顺利出版作出了重要贡献，在此表示衷心的感谢！本书引用了大量的历史文献和相关图表，并注明了出处，在此对被引用文献的中外作者致以诚挚的谢意！本书的出版得到国家重点研发计划“重要外来入侵物种前瞻性风险预警和实时控制关键技术研究（2021YFC2600400）”和国家自然科学基金“水稻根结线虫病抗性基因挖掘及抗病机理研究（32172382）”的资助，在此表示感谢!

限于作者的学识水平，书中难免存在不妥和疏漏之处，恳请读者和同行批评指正。

编　者

2022年6月18日

目录

CONTENTS

第一章

马铃薯金线虫

[*Globodera rostochiensis*（Wollenweber）Skarbilovich]

一、分类地位

线虫门Nematoda

色矛纲Chromadorea

小杆目Rhabditida

纽带科Hoploaimidae

球孢囊线虫属*Globodera*

二、英文名

Potato golden cyst nematode。

三、中文名

马铃薯金线虫。

四、起源、来源、原产地和世界其他国家和地区的分布情况

马铃薯金线虫起源于南美洲的安第斯山脉，并与马铃薯发生共同进化。随后，由于引种向欧洲及世界各地传播扩散[1, 2]。在20世纪初叶，欧洲许多国家发现了马铃薯金线虫。目前，马铃薯金线虫在全球五大洲72个国家均有发生和分布，如欧洲的比利时、英国、法国、德国、希腊、挪威及西班牙（加那利群岛）等；北美洲的美

国（纽约州长岛，加利福尼亚州及东海岸，特拉华州已铲除）、加拿大、墨西哥等；南美洲的阿根廷、玻利维亚、智利、秘鲁及巴西等；大洋洲的澳大利亚、新西兰及诺福克岛等；亚洲的印度、日本（北海道）、菲律宾及塔吉克斯坦等[3-6]。

五、入侵中国的最早记录或发现时间

2018年最先于贵州省赫章县发现为害[5]。

六、传播扩散途径和方式

马铃薯金线虫的远距离传播，主要是借助于污染的马铃薯种薯、黏附在种薯上的病土以及其他带根的繁殖材料如苗木、花卉鳞球茎的调运[7]。在田间自然条件下，马铃薯金线虫通过水流、灌溉水和雨水传播，大风也有传播作用。此外，农机器械和人的鞋底可以携带马铃薯金线虫孢囊。病田土壤的翻耕和转运也是传播途径之一[8]。

目前尚未明确马铃薯金线虫传入我国的具体途径及路线，推测是由于种薯引种而传入我国。

七、在中国的发生分布情况

1. 我国目前的实际发生分布情况

目前，马铃薯金线虫在我国云南、贵州、四川三省均有发生，具体发生面积有待进一步调查核实。

2. 适生性分布

通过GARP及MaxEnt预测马铃薯金线虫在我国的适生区，证明主要分布在马铃薯西南混作区的湖北、湖南、云南北部、贵州、四川、重庆；中原二作区的江苏、安徽、河南、江西、山东；北方一作区的陕西、山西南部、河北南部、辽宁西部、甘肃东南部、黑龙江东部[9，10]。

根据适生指数值大小，将其分布区进一步划分为高风险区（17～97）、中风险区（6～16）、低风险区（1～5）、无风险区（0）。GARP预测分析表明，马铃薯金线虫在我国的高风险区包括江苏、安徽、河南、山东、河北南部、陕西南部、山西南部、甘肃东南部、湖北、湖南、贵州大部、重庆，中风险区有江西、山东中部、四川东部、云南北部，低风险区为福建、广东、广西、贵州西南部、云南北部、海南及福建部分地区，以及无风险区黑龙江、吉林、辽宁大部分地区、内蒙古、河北北部、山西北部、陕西北部、宁夏、甘肃大部、青海、新疆、西藏、四川西部。

MaxEnt预测分析则认为，马铃薯金线虫在我国的高风险区有河北东南部、江苏、安徽、湖北东部、湖南东部、重庆西部、贵州北部、江西中部，中风险区包括山东大部、河南西部、陕西南部、河北南部、云南北部、辽宁中部、黑龙江东部，低风险区为吉林西部、黑龙江南部、内蒙古东南部、河北北部、山西北部、陕西北部、四川西部、西藏东部，以及无风险区西北大部分省区、东北少数地区、南方少数几个省区[10]。

八、发生及为害特性

1. 发生与为害

马铃薯金线虫能够侵染126种茄科植物[11，12]，最主要的农作物寄主有马铃薯*Solanum tuberosum*、番茄*S. lycopersicum*和茄子*S. melongena*等。此外，多刺曼陀罗*Datura ferox*、曼陀罗*D. stramonium*、莨菪*Hyoscyamus niger*、秘鲁茄*Lycopersicon* *glandulosum*、毛番茄*L. hirsutum*、野生番茄*L. peruvianum*、醋栗番茄*L. pimpinellifolium*、园艺番茄*L. pyriforme*、烟草*Nicotiana acuminata*、长叶酸浆*Physalis longifolia*、墨西哥樱桃*Physalis philadelphica*、蛾蝶花属植物*Salpiglossis* spp.、野生安第斯马铃薯*S. acaule*、红果龙葵*S. alatum*、光果龙葵*S. americanum*、森林茄*S. armatum*、澳洲茄*S. aviculare*、二倍体马铃薯*S. brevidens*、北美刺龙葵*S. carolinense*、高龙葵*S. chenopodioides*、西瓜茄*S. citrullifolium*、科民茄*S. commersonii*、龙葵*S. demissum*、银叶茄*S. elaeagnifolium*、大茄*S. giganteum*、黄马铃薯*S. goniocalyx*、异叶茄*S. heterophyllum*、印度龙葵*S. indicum*、黄龙葵*S. luteum*、耳垂茄*S. mauritianum*、红龙葵*S. miniatum*、黑果龙葵*S. nigrum*、羽状茄*S. pinnatum*、刺萼龙葵*S. rostratum*等均为其有效寄主[13]。

马铃薯金线虫侵染寄主根系后，地上部无特殊识别症状。由于根系受害，植株对水分和营养物质的吸收能力降低，地上部表现矮化、黄化和缺水缺肥等症状，在干旱条件下叶片表现凋萎症状，中午时凋萎症状更加明显[14]。田间病株分布不均匀，有发病中心团，随着马铃薯的连续种植和农事操作，发病团连年扩大，最后全田发病。马铃薯金线虫为害后常常使马铃薯植株早衰和侧根增生。在马铃薯开花期，受害植株的根部可见到金黄色或白色的球形雌虫，金线虫雌虫成熟后逐渐呈金黄色，最后变成深褐色。马铃薯收获后，根系上的孢囊遗落到土壤中[15, 16]，下一年在合适条件下孵化继续侵染为害（图1-1）。

在马铃薯规模化种植地区，马铃薯金线虫发病严重时，产量损失80%～90%，甚至绝收[17]。马铃薯产量损失与单位土壤中线虫卵量密切相关，当土壤中虫卵的密度为每克土壤20粒时，马铃薯平均产量损失为2.75 t/hm^2，最大损失为6.25 t/hm^2[18]。在英国，由于金线虫的为害，每年造成马铃薯减产9%，经济损失超过5 000万英镑[19]。在意大利，马铃薯金线虫为害阈值为每克土壤1.2～2.1粒卵[20]。在荷兰，马铃薯品种对金线虫的耐性阈值为每克土壤1.5粒卵。当每克土壤中马铃薯金线虫的卵为9粒、28粒和128粒时，造成马铃薯产量损失分别为20%、50%和90%[21]。马铃薯金线虫造成全欧盟马铃薯减产12.2%，年经济损失超过3亿欧元。在马铃薯金线虫广泛分布地区实施各种严格的防治措施后，仍能造成9%的产量损失[22]。在某种特定致病型且无抗病品种可以种植的地区，连年重茬种植马铃薯将减产90%，甚至绝产[23]。

图1-1　马铃薯金线虫为害马铃薯田间症状[5]

全世界共有106个国家将马铃薯金线虫列为检疫性有害生物，实行严格的检疫和管理。研究还发现，马铃薯金线虫能与大丽轮枝菌*Verticillium dahliae*复合侵染，引起马铃薯早死病[24]。马铃薯白线虫与青枯病菌*Ralstonia solanacearum*及轮枝菌相互作用，可造成复合侵染[17]。

2. 生物生态学特性

马铃薯金线虫是固定性内寄生线虫，以鞣质的孢囊在土壤内越冬、滞育及度过不良环境[2, 25]。在寄主根部分泌物的刺激下，孢囊孵化出二龄幼虫侵入寄主根内，在根的中柱鞘、皮层和内皮层的组织细胞中取食，将其转变成大的合胞体转移细胞，此后线虫在此开始固定性内寄生生活[26]。经2次蜕皮，二龄幼虫转变为三龄幼虫并出现性别分化，四龄幼虫再蜕皮变为成虫。雌成虫后部不断膨大，撑破根表皮露出根外，仅头和颈部固着于根内，雄成虫离开植株进入土壤。雌成虫释放性信息素吸引雄虫交配、受精产卵。雌成虫初为白色，死亡后体壁变厚，呈金黄色，4～6星期后，体壁完全成熟变硬，转变为褐色孢囊。马铃薯收获后，孢囊从根表面脱落掉入土中，其内的卵休眠成为下一季作物的初侵染源（图1-2）。

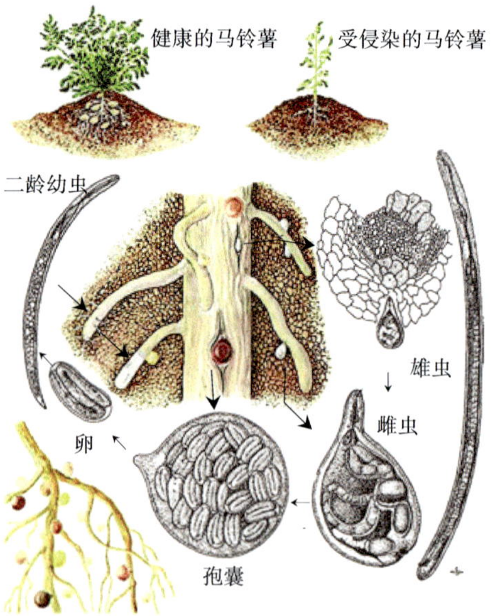

图1-2　马铃薯金线虫生活史[16]

马铃薯金线虫主要分布在温带和亚热带、热带较凉地区，侵染的适合温度为15～16℃，在寄主中发育的合适温度为18～24℃。在一个生长季节内，马铃薯金线虫的生活史为一年一代[27, 28]。棕褐色的孢囊内常含有300～500个卵，在合适的土壤类型和温度下，孢囊内的卵可以存活28年[25]。由于孢囊拥有极强的抵抗不良环境和杀线剂的能力，成为马铃薯金线虫防治或根除的主要障碍[2, 15]。马铃薯金线虫有致病型的分化，目前已有5个致病型（国际标注法Ro1—Ro5）[26]。

有利于马铃薯生长发育的环境条件也有利于马铃薯金线虫的存活。冷凉环境有利于马铃薯金线虫的繁殖，而长时间的高温将限制其发育和繁殖[14]。马铃薯金线虫在土温达到10℃时开始活动，孵化的最适温度为16℃，低限为10℃；18～24℃为侵入和发育的最适温度，在此温度范围内，湿度50%～70%时发生较重，30℃以上高温和干燥条件下发病较轻[17]。

昼长或光周期对马铃薯金线虫的生长、孵化和侵染性具有较明显的影响。生长在光照充足而稳定条件下的植物比光照不足的植物产生孢囊的数量多，短时间生长在完全黑暗中的植物上的孢囊滞育期将会延长。植物生长昼长为16 h产生孢囊的数目、孵化率和侵染率都比昼长12 h高[14]。

马铃薯金线虫具有休眠和滞育的特性，在不良环境压力的影响下，即使作物生长期有活跃的孵化刺激物质存在，孵化也会停止；恶劣环境消除后，幼虫又开始迅速孵化。在土壤类型和温度合适的条件下，孢囊内的卵可以存活28年[2, 25]。在缺乏寄主的情况下，马铃薯金线虫群体密度的年度衰减率与土壤温度密切相关，在冷凉土壤中的马铃薯金线虫群体的年衰退率为18%左右，在温度适中的土壤中为50%～80%，在高温土壤中可高达95%。在寄主植物根分泌物存在的情况下，可刺激60%～80%的卵孵化[14]。

3. 主要形态特征与为害识别

马铃薯金线虫形态学鉴定主要基于形态测定和形态学特征的描述，包括肛门和阴门膜孔之间的角质脊的数量，口针，透明尾，口针基部球的形状等[16]。各龄期形态描述见图1-3。

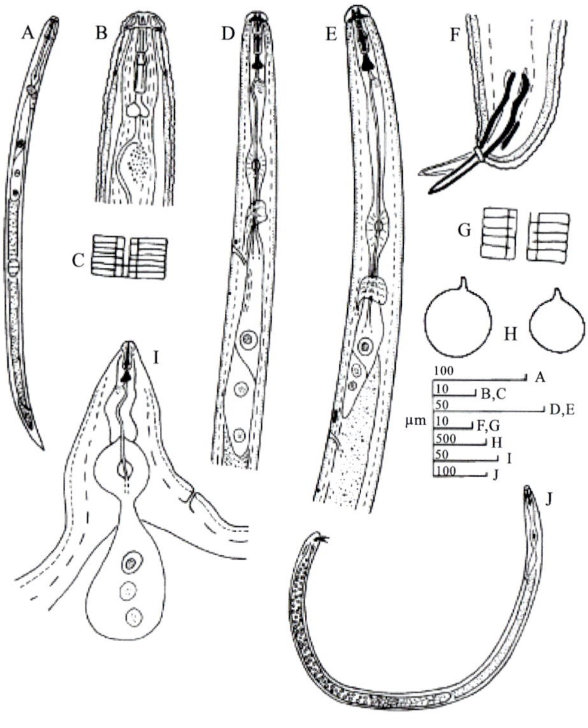

A～D：二龄幼虫；A：线虫全长；B：唇区；C：侧区；D：食道；E～G：雄虫；E：食道；F：尾；G：侧线；H：孢囊；I：雌虫前端；J：雄虫全长。

图1-3　马铃薯金线虫[29]

雌虫：亚球形，有突出的颈，虫体球形部分的角质层具有网状脊，无侧线。口针锥部约为口针长度的50%，有时略弯曲，口针基部圆形，明显向后倾斜。排泄孔明显，位于颈基部。阴门膜略凹陷，阴门横裂状。肛门位于阴门膜之外，肛门与阴门间角质层有20个平行脊。

孢囊：亚球形，具突出的颈，无突出的阴门锥，阴门锥为环膜孔型（circumfenestrate）。无阴门桥、下桥及其他残存的虫体腺体结构；无泡状突，但阴门区域可能有一些小而不规则黑色素沉积物。无亚晶层，角质层的脊为“Z”形。

雄虫：蠕虫形，尾钝圆，热杀死固定时，虫体弯曲，后部卷曲90°~180°，呈“C”形或“S”形，角质层具规则环纹，侧区4条侧线延伸至尾末端，两条外侧线具网状但内侧线无网纹。头部圆形，缢缩，具6~7个体环，头骨架严重骨化。前头状体（anterior cephalics）和后头状体分别位于2~4和6~9个体环处。口针发育好，基部球向后倾斜，口针锥部占整个口针长的45%，口针套管向后延伸到70%口针长处。中食道球椭圆形，中间有明显的新月形瓣门，无明显的食道肠瓣状结构。半月体长2个体环宽，位于排泄孔前2~3个体环处。半月小体1个环纹长，位于排泄孔后9~12个体环处。单精巢。

二龄幼虫：蠕虫形，角质层环纹明显，侧区4条侧线，偶尔有两纹。头部轻微缢缩，4~6个环纹。唇盘卵圆形，侧唇和一对背腹亚中唇环绕唇盘。唇盘和唇形成卵圆形轮廓。头骨架严重骨化，前、后头状体分别位于2~3个和6~8个体环处。口针发育好，口针锥部小于口针长的50%，口针基部球略向后倾斜，食道腺在腹面延伸至排泄孔后35%体长处，排泄孔位于20%体长处，半月体位于排泄孔前1个体环处。半月小体长小于1个体环宽，位于排泄孔后5~6

个体环处。4个生殖腺细胞（gonadial primordium）几乎位于体长的60%处，尾部逐渐变尖、变细[30]。

马铃薯金线虫和白线虫的形态学特征和形态测量值较相近（图1-4）[16, 29, 31]，主要差别是孢囊阴门锥中会阴—肛门间的脊数以及Granek's比率，二龄幼虫口针长及口针基部球形状等。

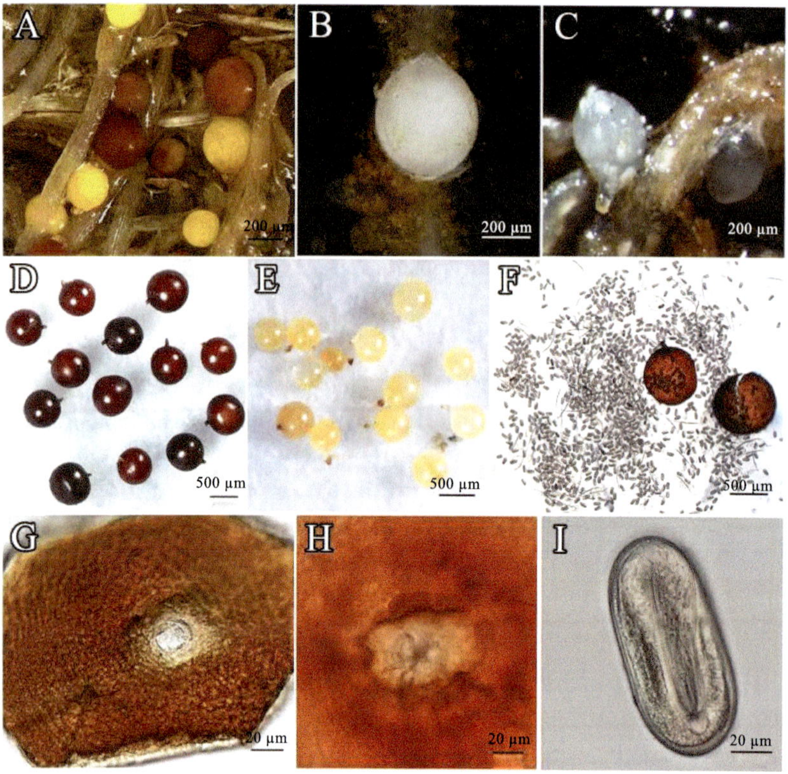

A：金色孢囊；B：白色雌虫；C：白雌虫体表的亚水晶层；
D、E：金黄色至棕褐色成熟孢囊；F：卵和孢囊里面的幼虫；
G、H：阴门锥（正面和背面）；I：卵。

图1-4　马铃薯金线虫形态特征[16]

九、防控措施

马铃薯金线虫是马铃薯生产上的毁灭性病原物，已被列入《中华人民共和国进境植物检疫性有害生物名录》。2020年，中华人民共和国农业农村部公告第351号将马铃薯金线虫（*Globodera rostochiensis*）列入《全国农业植物检疫性有害生物名单》，将马铃薯种薯、块茎以及带根带土的植物列入《应施检疫的植物及植物产品名单》。对马铃薯金线虫的防治主要从两方面入手。一是实行严格的检疫制度，禁止从马铃薯金线虫疫区引进种薯和带土或根的植物繁殖材料。二是采取防治措施，包括轮作等农事管理，选栽抗病品种，化学、生物、物理防治及栽种诱捕植物及拮抗植物。

1. 植物检疫

禁止从马铃薯金线虫疫区引进种薯和其他可能携带金线虫的植物材料。确因科研等特殊需要引进的，应事先提出申请，经中华人民共和国改为国家市场监督管理总局（原国家质量监督检验检疫总局）批准。从国外引进马铃薯应禁止带土，而且引进的马铃薯应在有严密的检疫设施条件下连续隔离种植两个生长季节方可放行。对进口马铃薯检疫检验，除检查薯块外，还应检查薯块所携带的土壤。一经发现马铃薯金线虫，该批次马铃薯应立即退回或销毁处理[6]。

2. 农业防治

（1）与非茄科作物轮种

利用马铃薯金线虫寄主范围比较窄的特点，轮作能使土壤线虫群体的数量逐年下降。连续5～9年种植非寄主作物，可取得较好的防治效果。采用轮作、抗病品种以及杀线虫剂（熏蒸剂或内吸性颗粒剂）综合控制技术，可以快速地将线虫数量控制在经济阈值之下。试验证明，在英格兰地区，种植非寄主作物，土壤中线虫数目每年下降30%～50%，6～7年后，田间线虫数量即可降低到防控阈值之下[32]。另外，马铃薯早熟品种和罐头用品种，生育期比较短，能限制线虫群体数量增加，缩短轮作期[33]。在墨西哥，采用轮作和生物防治控制2年后，马铃薯金线虫密度下降89.2%[34]。

（2）种植诱捕植物

马铃薯金线虫一旦成功侵入寄主，将在根上固定取食，无法自由移动。利用其专性寄生的特点，在发病地块继续种植马铃薯作为诱捕植物刺激马铃薯金线虫孵化，种植4～5周后，最长不能超过6周，喷洒灭生性除草剂杀灭寄主马铃薯植株，使线虫无法继续发育而死亡[56]。选用拟刺茄*S. sisymbriifolium*作为诱集寄主连续种植3年后，土壤中线虫密度降低了80%，种植马铃薯龙葵*S. nigrum*、欧白英*S. dulcamara*和黑色曼陀罗*D. stramonium*等诱捕植物也能获得类似的控制效果[57]。

（3）种植拮抗植物

拮抗植物的根系最初会受到马铃薯金线虫二龄幼虫的感染，但植物中的某些因子和物质会阻止其发育为成虫。猪屎豆*Crotalaria spectabilis*、菽麻*C. juncea*、孔雀草*Tagetes patula*、印加孔雀草*T. minuta*、万寿菊*T. erecta*和黄毛黎豆*Estizolobium* spp.等拮抗植物，可用于马铃薯金线虫的防控。

3. 抗病品种

抗病品种能抑制马铃薯金线虫的发育。研究发现，抗病品种的种植可以减少马铃薯金线虫群体数量80%～85%。在加拿大魁北克地区种植1年携带H1抗性基因的马铃薯品种，土壤中线虫种群减少了62%～95%。连续种植抗病品种3年后，土壤中线虫种群减少95%

以上，而种植玉米等非寄主作物，土壤线虫每年减少约30%[35]。在过去的20年里，有超过3 000份马铃薯品种抗金线虫鉴定已经完成，其中部分抗病品种对某些特定致病型的马铃薯金线虫减退率50%以上。在英国，推广种植抗马铃薯金线虫但不抗白线虫的马铃薯品种“Maris Piper”，马铃薯金线虫的种群数量显著下降，而白线虫的数量显著上升，导致英国马铃薯孢囊线虫优势种群由马铃薯金线虫变为马铃薯白线虫[8，22]。

现今，已知抗马铃薯金线虫的基因有来源于*S. tuberosum* ssp. *andigena*的*H*1基因[36]、来源于*S. vernei*的*GroV*1基因[37]、来源于*S. spegazzinii*的*Gro*1、*Gro*1.2、*Gro*1.3、*Gro*1.4[38-40]以及未知来源同时还对马铃薯白线虫也有抗性的*Grp*1[41，42]。马铃薯的双倍体种*S. vernei*以及三倍体种*S. tuberosum andigena*已被用作培育抗马铃薯孢囊线虫的抗原材料。利用主效基因和多基因抗性培育出了抗金线虫的马铃薯品种，在英格兰已育成抗金线虫Ro1致病型和Ro4致病型的“Maris Piper”“Maris Anchor”“Pentland Jauelin”“Pentland”等7个抗性品种[43]。目前全世界培育出的抗马铃薯孢囊线虫的品种超过135个对马铃薯金线虫也有抗性[15，32，44]。

4. 化学防治

土壤熏蒸杀线虫剂和非熏蒸杀线虫剂都用于马铃薯金线虫的防治。当采取检疫措施需要立即降低土壤内金线虫密度时，经常使用土壤熏蒸剂如威百亩、棉隆（必速灭）、D-D混剂等。在美国，应用1,3-二氯丙烯处理大量的马铃薯仍然被当作一项检疫处理措施，大剂量（420 L/hm^2）处理对马铃薯金线虫的控制效果高达99%[45]。在荷兰，广泛使用二氯丙烯和威百亩防治马铃薯金线虫[26]。棉隆和威百亩等异硫氰酸甲酯类农药对马铃薯金线虫的控制效果在80%以上，但对土壤温湿度有一定要求，在土壤温度高于15℃，土壤湿度65%左右的条件下才能发挥作用[46, 47]。在单季马铃薯种植区，使用噻唑膦、丙线磷和除线威都具有良好的防控效果[46]。尽管噻唑膦等颗粒剂对马铃薯金线虫的控制效果低于熏蒸剂，但是由于价格较低且使用方便，更容易被广泛使用[48]。另外氟噻虫砜等新杀线虫成分对马铃薯金线虫也有良好的控制效果，但防治效果稍差于噻唑膦[49]。

5. 生物防治

生物防治主要采用生防菌剂控制马铃薯金线虫。在英国，淡紫拟青霉*Paecilomyces lilacinus*和厚垣轮枝孢菌*Verticillium chlamydosporium*被用于马铃薯金线虫的防控[50]。研究发现，厚垣轮枝孢菌在温室和田间对马铃薯金线虫的控制效果分别为70%和51%[48, 51]。采用淡紫紫孢菌*Purpureocillium lilacinum*处理种薯后，对马铃薯金线虫的控制效果达48%～70%[52]。哈茨木霉*Trichoderma harzianum*和穿刺巴氏杆菌*Pasteuria penetrans*对马铃薯金线虫也有良好的防治效果[53]。

6. 物理防治和生物熏蒸

高温闷棚可用来杀死土壤内的马铃薯金线虫。马铃薯收获后，夏季在病土上覆盖无色或黑色塑料薄膜，并灌水至土壤湿润，40天后取走覆盖物，防治效果分别为77%～96%和66%～67%[2, 54]。在发病地块种植芥菜和萝卜作为绿肥，翻耕至土壤中进行生物熏蒸能够有效控制土壤中马铃薯金线虫的数量[55]。

7. 综合防控技术

由于马铃薯金线虫是一种极难防治的土传有害生物，单一的控制技术很难达到理想的防治效果，因此必须通过抗性品种、轮作、诱集寄主等农艺措施和化学或生物杀线虫农药施用相结合。根据土壤中线虫基数和致病型的种类，选择合适的控制技术，才能有效地控制马铃薯金线虫的为害。例如美国通过严格的检疫，在控制区域内严禁种植马铃薯等寄主作物和化学药剂处理等措施，到2018年，马铃薯金线虫疫区面积缩减85.4%，其为害得到有效的控制。

参考文献

［1］ STONE A R. Co-evolution of nematodes and plants[J]. Symbolae Botanicae Uppsala，1979，22（4）：46-61.

［2］ BALDWIN J G，MUNDOOCAMPO M. Heteroderidae，cyst-and non-cyst-forming nematodes[M]//Nickle W R，eds. Manual of agricultural nematology. New York：Marcel Dekker，1991：275-362.

［3］ CABI/EPPO，2011. *Globodera rostochiensis*[Distribution map][M]//Distribution Maps of Plant Diseases，Wallingford，UK：CABI. Map 778（Edition 2）.

［4］ EPPO，2020. EPPO Global database[DB]. EPPO Global database，Paris，France：EPPO.

［5］ PENG D，LIU H，PENG H，et al. First detection of the potato cyst nematode（*Globodera rostochiensis*）in a major potato production region of China[J]. Plant Disease，2022：PDIS-06-21-1263-PDN.

［6］ 彭焕，刘慧，江如，等. 警惕检疫性有害生物马铃薯孢囊线虫（*Globodera rostochiensis*和*G. pallida*）入侵我国[J].

植物保护，2020，46（6）：1-9.

[7] JONES F G W. The control of the potato cyst nematode[J]. Journal of the Royal Society of Arts，1970，118：179-199.

[8] 关佳晨，蔡海龙. 我国马铃薯生产格局变化特征及原因分析[J]. 中国农业资源与区划，2019，40（3）：92-100.

[9] 李建中. 六种潜在外来入侵线虫在中国的适生性风险分析[D]. 吉林：吉林农业大学，2008.

[10] SULLIVAN M J，INSERRAN R N，FRANCO J，et al. Potato cyst nematodes：Plant host status and their regulatory impact[J]. Nematropica，2007，37：193-201.

[11] SENASICA. Nematodo dorado de la papa-*Globodera rostochiensis*-Mexico-Segarpa[J]. Ficha Técnica，2013，19：1-24.

[12] EFSA. Scientific opinion on the risks to plant health posed by European versus non-European populations of the potato cyst nematodes *Globodera pallida* and *Globodera rostochiensis*[J]. EFSA，2012，10：26-44.

[13] JONES F G W. The control of the potato cyst nematode[J]. Journal of the Royal Society of Arts，1970，118：179-199.

[14] TURNER S J，EVANS K. The origins，global distribution and biology of potato cyst nematodes [*Globodera rostochiensis*（Woll.）and *Globodera pallida* Stone] [J]. Potato cyst nematodes，biology，distribution and control. CAB international，1998：7-26.

[15] SUBBOTIN S A，MUNDO-OCAMPO M，BALDWIN J G. Systematics of cyst nematodes（Nematoda：Heteroderinae）

[M]//HUNT D J，PERRY R N. Nematology monograps and perspectives，Volume 8A. Leiden，The Netherlands，Brill，2010，351.

［16］ JIANG R，LI Y，HUANG L，et al. Association of *Globodera rostochiensis*（Nematoda）with stunted and chlorotic potato plants in Yunnan and Sichuan Provinces in China[J]. Plant Disease, 2022. doi: 10.1094/PDIS-10-21-2231-RE.

［17］ BROWN E B，SYKES G B. Assessment of the losses caused to potato by the potato cyst nematode，*Globodera rostochiensis* and *G. pallida*[J]. Annals of Applied Biology，1983，103，271–276.

［18］ CABI. Datasheet report for *Globodera rostochiensis*（yellow potato cyst nematode）. [EB/OL]（2019–09–25）https://www. cabi. org/isc/datasheet/27034.

［19］ DI VITO M，DE MARINIS G，GRECO N，et al. The effect of *Globodera pallida* and *G. rostochiensis* on potato yield[J]. Nematologica，1982，28：379–386.

［20］ EVANS K，BRODIE B B. The origin and distribution of the golden nematode and its potential in the USA[J]. American Potato Journal，1980，57（3）：79–89.

［21］ HARRISON J A C. Association between the potato cyst nematode，*Heterodera rostochiensis* Woll. and *Verticillium dahliae* Kleb in the early-dying disease of potatoes[J]. Annals of Applied Biology，1971，67：185–193.

［22］ GRAINGER J. Factors affecting the control of eelworm

Diseases 1）[J]. Nematologica，1964，10（1）：5-20.
[23] BRODIE B B，EVANS K，J FRANCO. Nematode parasites of potatoes[J]. Plant Parasitic Nematodes in Temperate Agriculture，1993：87-132.
[24] MORRIS R F. Distribution and biology of the golden nematode，*Heterodera rostochiensis* in Newfoundland[J]. Nematologica，1971，17（3）：370-376（7）.
[25] FRANCO J. Effect of Temperature On Hatching and multiplication of potato cyst-nematodes[J]. Nematologica，1979，25（2）：237-244.
[26] STONE A R. *Heterodera rostochiensis*[J]. CIH Descriptions of Plant Parasitic Nematodes，Set，1973，2.
[27] 葛建军. 中国进境植物检疫性有害生物：线虫卷[M]. 北京：中国农业出版社，2013.
[28] COLIN C F，THOMAS O P. potato cyst nematode diagnostics：morphology，differential host and biochemical techniques[M]//MARKS R J，BRODIE B B. Potato cyst nematodes，biology，distribution and control. CAB international，1998：91-114.
[29] TRUDGILL D L，EVANS K，PHILIPS M S. Potato cyst nematodes：damage mechanisms and tolerance in the potato[M]//MARKS R J，BRODIE B B，eds. Potato cyst nematodes，biology，distribution and control. CAB International：1998：117-133.
[30] WINSLOW R D，WILLIS R J. Nematode diseases of potatoes. II. Potato cyst nematode，*Heterodera rostochiensis*

[M]//WEBSTER J. Economic Nematology. New York: Academic Press, 1972: 18-34.

[31] LÓPEZ-LIMA D, SÁNCHEZ-NAVA P, CARRIÓN G, et al. 89% reduction of a potato cyst nematode population using biological control and rotation[J]. Agronomy for Sustainable Development, 2013, 33 (2): 425-431.

[32] BÉLAIR G, DAUPHINAIS N, MIMEE B. Evaluation of cultural methods for the management of the golden nematode (*Globodera rostochiensis*) in Quebec, Canada[J]. Canadian Journal of Plant Pathology, 2016, 38 (2): 209-217.

[33] GEBHARDT C, MUGNIERY D, RITTER E, et al. Identification of RFLP markers closely linked to the H1 gene conferring resistance to *Globodera rostochiensis* in potato[J]. Theoretical and Applied Genetics, 1993, 85 (5): 541-544.

[34] JACOBS J M E, ECK H J, HORSMAN K, et al. Mapping of resistance to the potato cyst nematode Globodera rostochiensis from the wild potato species *Solanum vernei*[J]. Molecular Breeding, 1996, 2 (1): 51-60.

[35] LEISTER D, BALLVORA A, SALAMINI F, et al. A PCR-based approach for isolating pathogen resistance genes from potato with potential for wide application in plants[J]. Nature Genetics, 1996, 14 (4): 421-429.

[36] KREIKE C M, KONING J R A, VINKE J H, et al. Mapping of loci involved in quantitatively inherited resistance to the potato cyst-nematode *Globodera rostochiensis* pathotype Ro1[J]. Theoretical and Applied Genetics, 1993, 87 (4): 464-470.

[37] KREIKE C M，KOK-WESTENENG A A，VINKE J H，et al. Mapping of QTLs involved in nematode resistance，tuber yield and root development in *Solanum* sp.[J]. Theoretical and Applied Genetics，1996，92（3）：463-470.

[38] V AN DER VOORT R J，LINDEMAN W，FOLKERTSMA R，et al. A QTL for broad-spectrum resistance to cyst nematode species（*Globodera* spp.）maps to a resistance gene cluster in potato[J]. Theoretical and Applied Genetics，1998，96（5）：654-661.

[39] 徐建，金黎平. 马铃薯遗传育种研：现状与展望[J]. 中国农业科学，2017，50（6）：990-1015.

[40] CASTELLI L，BRYAN G，BLOK V C，et al. Investigation of resistance specificity amongst fifteen wild Solanum species to a range of *Globodera pallida* and *G. rostochiensis* populations[J]. Nematology，2005，7（5）：689-699.

[41] FRANCO J，GONZALEZ A. A new race of *Globodera pallida* attacking potatoes in Peru[J]. Revue de Nematologie，1990，13（2）：181-184.

[42] BRODIE B B，MAI W F. Control of golden nematodes in the United States[J]. Annual Review of Phytopathology，1989，27（1）：443-461.

[43] HAYDOCK P P J，WOODS S R，GROVE I G，et al. Chemical control of nematodes[M]//PERRY R N，MOENS M. Plant Nematology. 2nd edition. Wallingford，Oxon，UK：CABI，2013：259-279.

[44] HAGUE N G M，GOWEN S R. Chemical control of

nematodes[M]//BROWN R H，KERRY B R. Principles and practice of nematode control in crops. Sydney：Academic Press，1987：131–178.

［45］TOBIN J，HAYDOCK P，HARE M，et al. Effect of the fungus *Pochonia chlamydosporia* and fosthiazate on the multiplication rate of potato cyst nematodes（*Globodera pallida* and *G. rostochiensis*）in potato crops grown under UK field conditions[J]. Biological Control，2008，46（2）：194–201.

［46］NORSHIE P M，GROVE I G，BACK M A. Field evaluation of the nematicide fluensulfone for control of the potato cyst nematode *Globodera pallida*[J]. Pest Management Science，2016，72（10）：2001–2007.

［47］DAVIDE R G，ZORILLA R A. Evaluation of a fungus *Paecilomyces lilacinus*（Thom.）Sampson for the biological control of the potato cyst nematode *Globodera rostochiensis* Woll. as compared with some nematicides[J]. Phillipines Agriculturalist，1983（66）：397–404.

［48］CRUMP D H. Biological control of potato and beet cyst nematodes[J]. Aspects of Applied Biology，1998（52）：383–386.

［49］DANDURAND L M，KNUDSEN G R. Effect of the trap crop *Solanum siymbriifolium* and two biocontrol fungi on reproduction of the potato cyst nematode，*Globodera pallida*[J]. Annals of Applied Biology，2016，169（2）：180–189.

［50］KARSSEN G，WESEMAEL W，MOENS M. Root-knot nematodes[M]//PERRY R N，MOENS M. Plant nematology. 2nd. Boston：CABI International，2013：73-108.

[51] VOVLAS N，GRAMMATIKAKI G. Occurrence of potato cyst nematodes（*Globodera rostochiensis* and *G. pallida*）on Crete and suggestions for control[J]. FAO Plant Protection Bulletin，1989，3（2）：92-95.

[52] NGALA B M，HAYDOCK P P，WOODS S，et al. Biofumigation with *Brassica juncea*，*Raphanus sativus* and *Eruca sativa* for the management of field populations of the potato cyst nematode *Globodera pallida*[J]. Pest Management Science，2015，71（5）：759-769.

[53] HALFORD P D，RUSSEL M D，EVAN K. Use of resistant and susceptible potato cultivars in the trap cropping of potato cyst nematodes *G. pallida* and *G. rostochiensis*[J]. Annals of Applied Biology，1999，134（3）：321-327.

[54] TIMMERMANS B G H，VOS J，STOMPH T J，et al. Field performance of *Solanum sisymbriifolium*，a trap crop for potato cyst nematodes[J]. Annals of Applied Biology，2007，150（1）：99-106.

[55] SPARKES J. Potential trap crops for the control of potato cyst nematodes（PCN）[J]. Agriculture and Horticulture Development Board，2013，1：1-19.

[56] ROBERT M. Alternative practices for managing plant-parasitic nematodes[J]. American Journal of Alternative Agriculture，1998，13（3）：98-104.

[57] DANDURAND L M，ZASADA I A，WANG X H，et al. Current status of potato cyst nematodes in north America[J]. Annual Review of Phytopathology，2019，57：117-133.

（撰稿人：江如，彭焕，彭德良）

第二章

马铃薯白线虫

[*Globodera pallida* Stone]

一、分类地位

线虫门Nematoda

色矛纲Chromadorea

小杆目Rhabditida

纽带科Hoploaimidae

球孢囊线虫属*Globodera*

二、英文名

potato cyst nematode。

三、中文名

马铃薯白线虫。

四、起源、来源、原产地和世界其他国家和地区的分布情况

马铃薯白线虫起源中心位于南美洲的安第斯山脉[1]，随着马铃薯的引种传播至其他地区。目前其分布范围涵盖温带地区和热带地区的高海拔地区。在这些地区，马铃薯白线虫的分布主要与其寄主马铃薯的分布有关。目前已知存在于55个国家，我国尚未见报道。

亚洲：印度（喜马偕尔邦、喀拉拉邦、泰米尔纳德邦、北安

查尔邦等）、印度尼西亚、巴基斯坦、伊朗、日本、马来西亚、土耳其。

欧洲：塞浦路斯、比利时、奥地利、保加利亚、白俄罗斯、斯洛伐克、丹麦、芬兰、德国、希腊、匈牙利、冰岛、爱尔兰、意大利、卢森堡、马耳他、荷兰、英国、挪威、波兰、葡萄牙、拉脱维亚、爱沙尼亚、立陶宛、塞尔维亚、乌克兰、俄罗斯、保加利亚、罗马尼亚、摩尔多瓦、法国、英国、西班牙、瑞典、瑞士。

非洲：阿尔及利亚、肯尼亚、利比亚、摩洛哥、南非、突尼斯。

大洋洲：新西兰。

美洲：加拿大、美国（爱德华州）、哥斯达黎加、墨西哥、巴拿马、厄瓜多尔、阿根廷、玻利维亚、秘鲁、智利、哥伦比亚和委内瑞拉。

五、入侵中国的最早记录或发现时间

中国未见报道。

六、传播扩散途径和方式

孢囊外部具有坚硬的外壳，是马铃薯白线虫生命周期中抗逆性最好的阶段，同时也是其最容易借外力传播和运输的阶段。孢囊主要存在于土壤颗粒、寄主根部、匍匐茎或块茎上。这些传染源经由各种农业机械和农事操作在地区间传播，成为孢囊扩散的最常见原因。二龄幼虫能够在土壤中做短距离的移动。马铃薯种薯、苗木、花卉鳞球茎、消费或加工用的马铃薯块上沾带的土壤可将马铃薯白线虫传播到其他地区。此外，风、雨和洪水也能够在一定范围内传播马铃薯白线虫。

七、在中国的适生性分析

中国未见报道。

八、发生及为害特性

1. 发生与为害

马铃薯白线虫与其他孢囊线虫类似，一般不会引起寄主特异性的感染症状（图2-1）。因此，不能通过地上部分的症状判断是否为该线虫侵染。侵染初期，作物会出现生长不良的斑块，可能会出现萎黄和萎蔫，顶部生长不良。因植株顶部生长对于光合作用至关重要，因而被马铃薯白线虫感染的植物块茎显著小于健康植株。

图2-1　马铃薯白线虫感染后的田间症状[2]

2. 生物生态学特性

（1）影响卵孵化因素

马铃薯白线虫与马铃薯金线虫有着类似的卵孵化影响因素。马铃薯白线虫的孢囊中含有超过500个卵。这些卵可以存活多年，但孵化率随着存放年数逐渐降低。土壤湿度对二龄幼虫的运动及其对脂质的利用都有重要影响，因此根系侵染需要适当的土壤湿度。同时，卵的孵化需要特定的刺激物。目前已知的孵化刺激有根系分泌物[3]和某些有机和无机化合物[4]。马铃薯白线虫在10℃左右或更低的温度下孵化，最适温度为10～18℃[5]。此外，日照长度也会影响卵的孵化，当寄主植物处在有持续光照的环境中时卵的孵化速度要快于长时间的黑暗环境[6]。

（2）幼虫的侵染与合胞体建立

二龄幼虫是马铃薯的侵染源。孵化后的二龄幼虫在根尖生长区的后方位置侵入寄主。二龄幼虫先在根区周围移动，收到来自根系的化学信号后以合胞体的形式建立一个取食位点。目前，取食位点的建立过程，合胞体超微结构以及线虫与合胞体的相互作用已较为清楚[7, 8]。进入根系后，马铃薯白线虫的生命周期约为45天。在此期间，二龄幼虫发育成雄虫或雌虫，其性别受营养物质等环境因素影响，进入植物中柱鞘细胞的幼虫更有可能成为雄性，而进入原形成层细胞的幼虫更有可能成为雌性[7]。有研究表明，在几小时静止状态后，幼虫会选定细胞并将其口针插入细胞中，同时保持几小时不动。随后，幼虫将口针缩回，并再次插入同一细胞。来自食道腺体的分泌产物通过口针进入细胞中。形成的合胞细胞为线虫的发育提供营养。在这过程中，合胞体发生一系列的生理生化变化，如细胞壁裂解，邻近导管组织形成细胞壁外植体，大量脂质体积累和变形核增大等。在抗性植物中，幼虫可能试图形成一个合胞体的取食点，但被取食的细胞的细胞壁通常加厚甚至可能死亡，这就阻止了营养物质向幼虫的快速移动[9]。

当环境条件较差时，雄性的数量相对较多。这可能是由于雄性需要的食物比雌性少，并且在自由生活阶段不进食。雄虫的寿命只有10天左右，在这段时间里，它会与尽可能多的雌虫进行交配。这个阶段中，白色或乳白色的雌虫变得膨大，同时分泌信息素吸引雄虫[10, 11]。

3. 主要形态特征与为害识别

（1）形态与测计

雌虫：体亚球形，具突出的颈部。白色，一些群体经4～6周呈奶油色，雌虫死亡时，变成亮褐色。头部具有融合的唇和1～2个明显的唇片。颈部环纹不规则，大多数体壁变成网纹形脊，头骨架发育弱。口针锥部约为口针长的50%，与口针干部区别明显。口针基部球向后倾斜，口针套管约为口针长的75%。中食道球大，几乎环形，瓣门新月形。排泄孔明显，位于颈基部。双卵巢充满整个体腔。阴门横裂，周围角质层轻微环形凹陷，形成阴门膜。阴门口位于两个细的唇突状新月形区域之间。肛门与阴门膜间角质层有12个平行的脊，少数交叉相连（图2–2）。

孢囊：雌虫死后坚硬的角质层变为暗褐色，形成孢囊，起到保护作用。新孢囊亮褐色，亚球形具突出的颈。阴门锥为单环膜孔型，无阴门桥、下桥和其他内腺突，无泡状突，在阴门区域有时有小突黑色的或变厚的阴门体。肛门明显，无亚晶层。孢囊膜孔的特征为形态学鉴定的重要依据（图2–2）。

雄虫：蠕虫形，尾短末端钝圆，热杀死呈“C”形或“S”形，后部卷曲。角质层具明显的环纹，侧区4条侧线延伸至尾部末端，外侧线有时有网纹但内侧线无网纹。头部缢缩，6～7个环纹，头骨架骨化显著。有大的唇盘和6个不规则的唇片。前后头状体分别位于2～4个和6～9个体环处。口针发育良好，口针基部球向后倾斜，口针锥部约为口针长的45%，口针套管为口针长的70%。中食道球椭圆形，具有强壮的新月形美门。食道腺核3个，背食道腺核大多数明显，食道腺垂体延伸至排泄孔附近，约占头部长度的15%。半月体长2个体环宽，位于排泄孔后2～3个体环处。单精巢，顶端为单个帽状细胞，其位于40%～65%体长处。交合刺末端尖细，引带小且无任何修饰物。

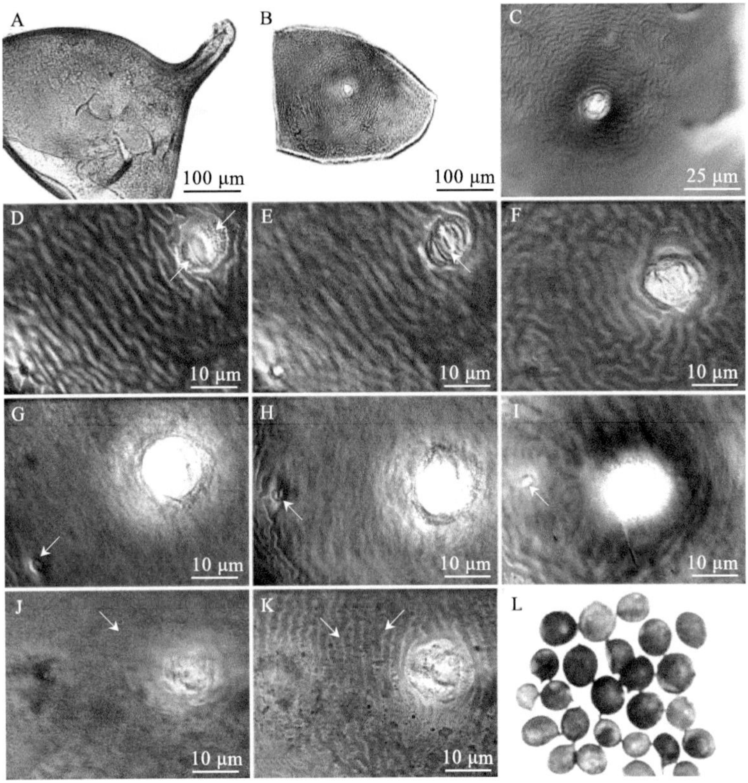

A：颈部；B～K：阴门锥区域；L：不同孢囊个体。

图2-2　孢囊形态[1]

幼虫：蠕虫形，尾部渐变细。体腔扩展至尾长的一半，其余尾长形成一个透明尾区（图2-3）。

卵：马铃薯白线虫的卵保留在孢囊内，不产生卵囊。卵表面光滑，无微绒毛。

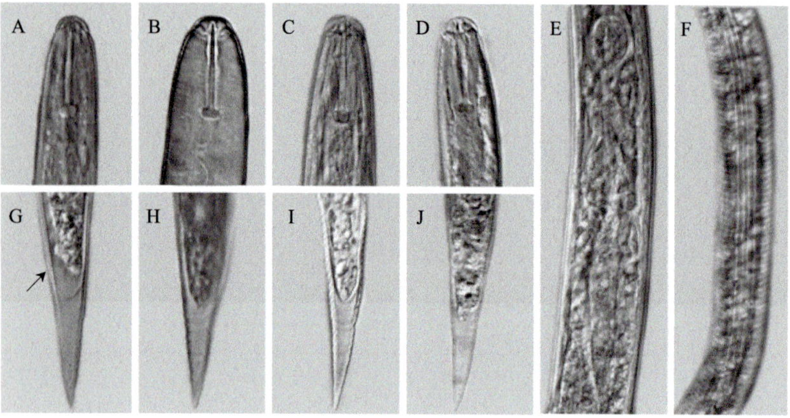

A ~ D：头部；E：食道；F：侧线；G ~ J：尾部。

图2-3 马铃薯白线虫二龄幼虫形态[14]

（2）测计值

雄虫：体长（1 200 ± 100）μm；排泄孔处体宽（28.4 ± 1.0）μm；唇区基部宽（12.3 ± 0.5）μm；唇区高（6.0 ± 0.3）μm；口针长度（27.5 ± 1.0）μm；口针基部至背腺体导管开口距离（3.0 ± 1.0）μm；唇区顶端到中食道球瓣距离（66.0 ± 7.1）μm；中食道球瓣到排泄孔距离（81.0 ± 11.0）μm；唇区顶端到排泄孔距离（176.4 ± 14.5）μm；尾长（5.2 ± 1.4）μm；肛门处体宽（13.5 ± 2.1）μm；交合刺长度（36.3 ± 4.1）μm；引带长（11.3 ± 1.6）μm。

雌性：口针长度（27.4 ± 1.1）μm；唇区基部宽（5.2 ± 0.5）μm；口针基部到背食道腺开口（5.4 ± 1.1）μm；唇区顶端到中食道

球瓣的距离（67.2±18.7）μm；中食道球瓣到排泄孔的距离（71.2±22.0）μm；唇区顶端到排泄孔的距离（139.7±15.5）μm；阴门处平均体宽（24.8±3.7）μm；阴门裂长度（11.5±1.3）μm；肛门到阴门距离（44.6±10.9）μm。

孢囊测计值：体宽（534±66）μm；体长（除颈部）（579±70）μm；颈长（188±20）μm；膜孔平均直径（24.5±5.0）μm；肛门到膜孔距离（50.0±13.4）μm。

幼虫：体长（486.0±2.8）μm；排泄孔处体宽（19.3±0.9）μm；口针长度（23.0±1.0）μm；口针基部到背食道腺开口距离（5.3±0.9）μm；唇区顶端到中食道球瓣距离（68.7±2.7）μm；唇区顶端到排泄孔距离（108.6±4.1）μm；尾长（51.1±2.8）μm；肛门处尾宽（12.1±0.4）μm；尾端透明部分长度（26.6±4.1）μm。

卵：长（108.3±2.0）μm，宽（43.2±3.2）μm。

（3）系统进化地位

基于ITS基因的系统进化树显示（图2-4），马铃薯白线虫为单系，与烟草孢囊线虫*Globodera tabacum*和马铃薯金线虫*Globodera rostochiensis*互为姐妹群。在马铃薯白线虫不同种群中，来自南美洲的种群处于进化树的基部，而欧洲的群体处于进化树末梢，进一步支持了其南美起源的假说。

（4）分子检测方法

由于马铃薯白线虫与金线虫较为相近，因此分子检测马铃薯孢囊线虫的重点是区分这两种线虫。表2-1是使用较为广泛的PCR引物[12]。

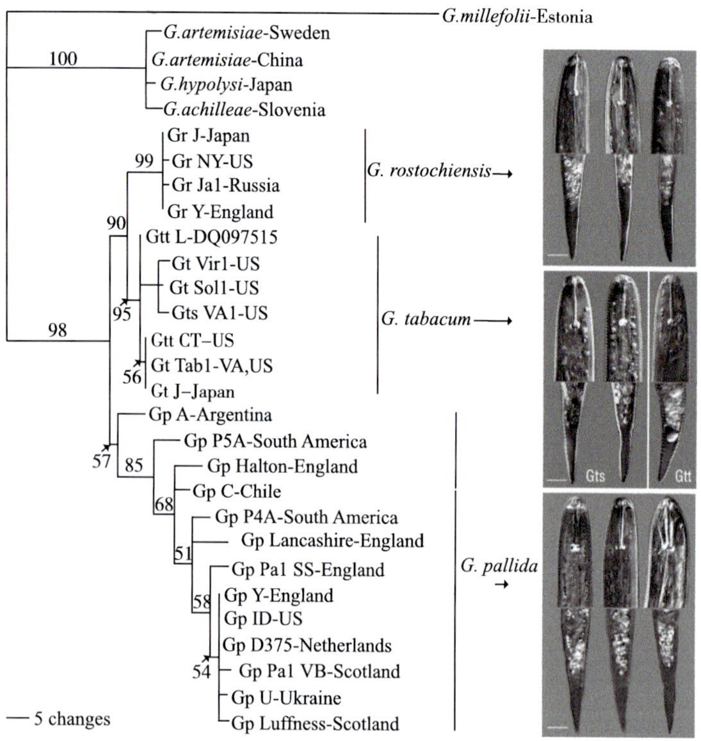

图2-4　基于ITS1与ITS2区域的球孢囊线虫属最大简约进化树[2]

表2-1　马铃薯白线虫分子检测常用引物

引物名	序列
ITS5	5′-CGCGCGGATCCGGAAGTAAAAGTCGTAACAAGG-3′
PIr3	5′-AGCGCAGACATGCCGCAA-3′
PIp4	5′-ACAACAGCAATCGTCGAG-3′
ITS26	5′-TATATGGATCCATATGCTTAAGTTCAGCGGGT-3′

其中，ITS5与PIr3是针对马铃薯金线虫的特异性引物，ITS5

与PIp4是针对马铃薯白线虫的特异性引物。采用ITS5与PIr3、PIp4的混合引物，以及ITS5与ITS26可以检测两种线虫的混合种群。采用以上引物获得的马铃薯白线虫片段为256 bp，马铃薯金线虫为434 bp。

九、防控措施

1. 检验检疫

因土壤中的孢囊是主要传播源，因此应严格实施检疫制度，禁止从马铃薯白线虫疫区引进种薯和带土、根的植物繁殖材料，同时加强国外来源土壤材料的检验。对进口马铃薯检验检疫，除检查薯块外，还应检查薯块所携带的土壤，从国外引进的马铃薯品种，应禁止带土，而且应在有严密的检疫设施条件下，连续隔离种植两个生长季节，经过检验没有问题后方可放行。

2. 轮作与套作

在寄主作物之间种植非寄主作物，如马铃薯与玉米、大麦或小麦轮作[2]。土壤中马铃薯孢囊线虫密度、非寄主作物的种类决定轮作防治的效果。此外，在土地充足的国家地区，休耕也是降低虫口密度的重要方式。

在土壤中，马铃薯白线虫的年下降速率总体上比马铃薯金线虫慢。因此，单靠轮作减少马铃薯孢囊线虫往往速度较慢，需要结合其他方法，如套作[13]。该方法是指在马铃薯田块种植特定的作物，使其有足够的生长时间让线虫发育成雌虫（5～6周），但没有足够的时间形成新的卵。随后及时清除该套作作物及其根部的线虫，从而达到降低马铃薯孢囊线虫数量的目的。例如套种蒜芥茄*Solanum sisymbrifolium*，能够诱导马铃薯孢囊线虫幼虫大量孵化，但其本身对线虫具有完全抗性，从而消除了线虫密度增加的风险[15]。

3. 土壤消毒

在土壤上覆盖聚乙烯薄膜，在温度较高地区的白天，薄膜下的土壤可升温至60℃或更高，可杀死土壤中残存的孢囊，是一种较为有效的方法，但在气候较冷或日照较少的地区效果较差。

4. 抗性品种

某些欧洲马铃薯品种对马铃薯孢囊线虫的欧洲致病型具有部分抗性，但一些南美种群的毒性比欧洲种群更强，能够克服欧洲品种的抗性。“Maris Piper”在英国是一种受欢迎的马铃薯品种，对英国种群的马铃薯金线虫具有完全抗性，但对马铃薯白线虫没有抗性。该品种的广泛栽培导致了马铃薯白线虫侵染的加剧。现有马铃薯品种对白线虫的抗性通常是多基因的，且只有部分抗性，如栽培品种“Santé”“Morag”。目前，针对马铃薯白线虫抗性较好的品种已经在欧洲种植，如“Karaka”“Gladiator”。

5. 生物防治

生物防治剂是目前研究的热点。研究已发现多种能够寄生在线虫卵和雌虫上的真菌与细菌，但这些寄生菌难以获得持续稳定的防控效果。生产中发现，某些特定土壤具有抑制线虫生长和繁殖的效果[16]，进一步研究发现这些土壤中含有较多厚垣轮枝孢*Verticillium chlamydosporium*、淡紫拟青霉*Paecilomyces lilacinus*和枝顶孢属*Acremonium* sp.等真菌。因此，这些真菌具有较大的生防潜力。

目前马铃薯白线虫真菌生防相关研究主要集中在厚垣轮枝孢属*Verticillium*、被毛孢属*Hirsutella*和节丛孢属*Arthrobotrys*。已有的研究显示，这些真菌均能不同程度地抑制线虫的生长，降低土壤孢囊密度。但这些真菌在实际应用中容易受到多种因素影响，如植物宿主、根系分泌物的作用、土壤类型、理化性质与养分条件等。目前商业化的产品有淡紫拟青霉*Paecilomyces lilacinus*、厚垣普奇尼亚菌*Pochonia chlamydosporia*和烟草镰刀菌*Monographella cucumerina*（MeloCon WG和BioAct WG产品，在美国得到批准）。数据显示，使用这些生防制剂可减少60%的线虫种群密度。除真菌外，穿刺芽孢杆菌*Pasteuria penetrans*也可用于马铃薯孢囊的生物防治。

6. 化学防治

使用土壤熏蒸剂是一种有效杀灭线虫的方法，在潮湿的沙质土壤中效果较好。常用的土壤熏蒸剂主要有1,3-二氯丙烯、威百亩、棉隆（必速灭）等。但大多数土壤熏蒸剂对环境高毒，所以目前多种产品已被禁用。另一策略是使用非熏蒸杀线剂，比熏蒸剂使用的量小，但通常与熏蒸剂在土壤中的存留时间一样长。常见的有噻唑膦（fosthiazate）、肟类氨基甲酸酯（oxime carbamates），可作为颗粒在撒播、行播或窄带处理时施用。在某些情况下，可在播季中期进行第二次使用。

参考文献

［1］ PICARD D，SEMPERE T，PLANTARD O. A northward colonisation of the Andes by the potato cyst nematode during geological times suggests multiple host-shifts from wild to cultivated potatoes[J]. Molecular Phylogenetics and Evolution，2007，42（2）：308-316.

［2］ WHITEHEAD A G. Decline of potato cyst nematodes，*Globodera rostochiensis* and *G. pallida*，in spring barley microplots[J]. Plant Pathology，1995，44（1）：191-195.

[3] PERRY R N, BEANE J. Effects of activated charcoal on hatching and infectivity of *Globodera rostochiensis* in pot tests[J]. Revue de Nématologie, 1988, 11（2）: 229–233.

[4] CLARKE A J, HENNESSY J. Hatching agents as stimulants of movement of *Globodera rostochiensis* juveniles[J]. Revue de Nématologie, 1987, 10（4）: 471–476.

[5] FRANCO J. Effect of temperature on hatching and multiplication of potato cyst-nematodes[J]. Nematologica, 1979, 25（2）: 237–244.

[6] HOMINICK W M. Photoperiod and diapause in the potato cyst-nematode *Globodera rostochiensis*[J]. Nematologica, 1986, 32（4）: 408–418.

[7] WYSS U, ZUNKE U. Observations on the behaviour of second-stage juveniles of *Heterodera schachtii* inside host roots[J]. Revue de Nématologie, 1986, 9（2）: 153–165.

[8] GOLINOWSKI W, SOBCZAK M, KUREK W, et al. The structure of Syncytia. In: FENOLL C, GRUNDLER F M W, OHL S A. Cellular and molecular aspects of plant nematode interactions[M]. Dordhecht, Netherlands: Kluwer Academic Publishers, 1997: 80–97.

[9] ROBINSON M P, ATKINSON H J, PERRY R N. The association and partial characterization of a fluorescent hypersensitive response of potato roots to the potato cyst nematode *Globodera rostochiensis* and *G. pallida*[J]. Revue de Nématologie, 1988, 11: 99–108.

[10] MUGNIERY D. Hybridization between *Globodera rostochiensis* (Wollenweber) and *G. pallida* (Stone) [J]. Revue de Nematologie，1979，2（2）：153–159.

[11] GREEN C D，PLUMB S C. The interrelationships of some Heterodera species indicated by the specificity of the male attractants emitted by their females[J]. Nematologica，1970，16（1）：39–46.

[12] WAINER J，DINH Q. Taxonomy，Morphological and molecular identification of the potato cyst nematodes，*Globodera pallida* and *G. rostochiensis*[J]. Plants，2021，10（1）：184.

[13] HALFORD P H，RUSSELL M R，EVANS K. Trap cropping for cyst nematode management[J]. Annals of Applied Biology，1999，134：321–327.

[14] 葛建军. 中国进境植物检疫性有害生物. 线虫卷[M]. 北京：中国农业出版社，2013.

[15] SCHOLTE K. Screening of non-tuber bearing Solanceae for resistance to and induction of juvenile hatch of potato cyst nematodes and their potential for trap cropping[J]. Annals of Applied Biology，2000，136（3）：239–246.

[16] CRUMP D H. Biological control of potato and beet cyst nematodes[J]. Aspects of Applied Biology，1998（52）：383–386.

（撰稿人：薛清，邓龙飞）

第三章

甜菜孢囊线虫
(*Heterodera schachtii* Schmidt)

一、分类地位

线虫门Nematoda

色矛纲Chromadorea

小杆目Rhabditida

纽带科Hoploaimidae

异皮线虫属*Heterodera schachtii*（Schmidt，1871）

二、英文名

beet cyst nematode。

三、中文名

甜菜孢囊线虫。

四、起源、来源、原产地和世界其他国家和地区的分布情况

1859年最先在德国被报道，甜菜孢囊线虫适宜温带地区，但它的适应性非常广泛，在北美洲，南美洲，欧洲，和中东的50多个国家中发现了甜菜孢囊线虫的分布，在澳大利亚及新西兰的次大陆中也有报道。在这些国家中，64%位于北纬30°~60°，23%位于南纬

30°～60°，13%位于北纬30°到南纬30°的中纬度地区。

亚洲：阿塞拜疆、伊朗、伊拉克、约旦、哈萨克斯坦、吉尔吉斯斯坦、韩国、巴基斯坦、乌兹别克斯坦、日本。

欧洲：奥地利、比利时、法国、前捷克斯洛伐克、丹麦、德国、意大利、爱沙尼亚、芬兰、英国、荷兰、卢森堡、葡萄牙、西班牙、爱尔兰、希腊、拉脱维亚、摩尔达维亚、波兰、罗马尼亚、瑞典、瑞士、乌克兰、保加利亚。

非洲：赞比亚、塞内加尔、南非、加那利群岛、佛得角共和国；

北美洲：加拿大、美国（亚利桑那州、加利福尼亚州、科罗拉多州、佛罗里达州、爱达荷州、堪萨斯州、密执安州、蒙大拿州、纽约州、内布拉斯加州、北达科他州、俄亥俄州、俄勒冈州、南达科他州、犹他州、华盛顿州、威斯康星州、怀俄明州）、墨西哥。

南美洲：智利、乌拉圭。

大洋洲：澳大利亚、新西兰。

五、入侵中国的最早记录或发现时间

2015年最先在我国新疆维吾尔自治区伊犁哈萨克自治州新源县被报道。

六、传播扩散途径和方式

线虫每年主动有效迁移距离很短，在同一块田地中或者从一块田地到另一块田地中的迁移主要通过被动迁移。线虫迁移可以通过受侵染土壤、含有受侵染土壤的种子转移或日常的农事操作迁移，也可以通过鸟、牲畜、灌溉水、洪水的自然方式发生传播。孢囊也可以随风传播[2]。

七、在中国的发生分布情况

1. 目前的实际发生分布

我国新疆维吾尔自治区伊犁哈萨克自治州新源县有发生和分布。

2. 适生性分布

利用MaxEnt生态位模型对甜菜孢囊线虫在中国的预测结果显示：该线虫在中国的分布主要集中在北方地区，包括河北、山西、陕西、宁夏、甘肃、内蒙古、新疆以及吉林的西部地区、黑龙江的少数地区。

根据适生指数大小，分级结果如下。高适生区（29～69）有内蒙古南部、新疆西部、河北中南部、山西东北部、宁夏、甘肃北部；中适生区（5～29）有北京、天津、陕西、山西大部、内蒙古西部和东南部、吉林西部、新疆北部；低适生区（0.01～5）有河南、陕西南部、山东、内蒙古中东部、新疆中部、辽宁、吉林大部、黑龙江南部、江苏、安徽、湖北、湖南、江西、浙江北部；基本不发生区（0～0.01）有青海、新疆南部、西藏、四川、重庆、云南、贵州、广西、广东、福建、海南、内蒙古少数地区和黑龙江部分地区[3]。

八、发生及为害特性

1. 发生与为害

甜菜孢囊线虫是我国重要进境检疫性有害生物，对甜菜具有毁灭性危害，在世界范围内给甜菜生产造成了严重的损失。欧洲国家由于甜菜孢囊线虫造成的为害，每年的经济损失已经超过了9 000万欧元。德国西部种植甜菜每年达44万hm^2，其中每年约有1/4的甜菜面积遭受该线虫为害，一般造成50～350 t/hm^2的产量损失[5, 6]。当土壤中甜菜孢囊线虫的幼虫的群体密度达到每克土壤18条时，可使菠菜减产40%、芜菁甘蓝减产35%、甘蓝减产24%、食用甜菜减产30%。当土壤中群体密度低到每克土壤6 ~ 9个卵和幼虫时，仍然可以造成食用甜菜和甘蓝显著的产量损失；当土壤中群体密度达到最高每克土壤68个卵和幼虫时，直播甘蓝和食用甜菜显著减产分别达到51.5%和53.3%。土壤中线虫群体起始数量达到每百克土壤1 000个卵和幼虫时，不同地方甜菜的产量损失不同，加利福尼亚州甜菜损失达到64%，英国矿质土壤达到37%，意大利达到19%，英国的有机土壤只有1% ~ 14%。

该线虫的模式寄主植物是甜菜（*Beta vulgaris*），但是其寄主广泛，23科95属218种大田作物、蔬菜、观赏植物和杂草是其寄主植物[7]，包括藜科、十字花科、豆科、茄科、石竹科、苋科、白花菜科、旱金莲科、唇形花科、蓼科、商陆科等植物。

2. 生物生态学特性

甜菜孢囊线虫卵中孵化出来的二龄幼虫，从根尖侵入寄主根内，刺激维管束的细胞形成“取食细胞”，二龄幼虫经过蜕皮发育成豆荚状的三龄幼虫，再次蜕皮发育成近葫芦形的四龄幼虫，最后发育成为柠檬形的成虫。由于虫体膨胀而撑破寄主根表皮露出表面，头部仍留在皮层细胞内。成熟雌虫与雄虫交配后产卵于体外的胶质团内，部分卵留在体内。雌虫死亡后，其表皮鞣革化，形成孢囊。孢囊脱落于土壤中，遇到合适的条件，孢囊内卵孵化后形成二龄幼虫，再次侵染寄主植物，完成侵染循环[9]。

甜菜孢囊线虫以孢囊越冬，孢囊内的卵可以存活6年以上，气候及土壤因子对孵化和存活有明显的影响，甜菜孢囊线虫种群年度下降率在40% ~ 60%。在60℃条件下10 min或62℃条件下5 min，孢囊中的未孵化的幼虫将全部死亡。

3. 形态特征与为害识别

（1）形态测量

雌虫：体长626～890 μm；体宽361～494 μm；口针长27 μm；食道长28～30 μm，角质层厚度9～12 μm；

雄虫：体长1 119～1 438 μm；体宽28～42 μm；口针长29 μm；交合刺长34～38 μm；引带长10～11 μm；

二龄幼虫：体长435～492 μm；体宽21～22 μm；口针长25 μm[12]。

（2）形态描述（图3-1）

二龄幼虫：头部缢缩，呈半球形，具有4个环纹，头架骨粗壮，对称。体表环纹间距在口针处为1.4 μm，侧线4条，口针具有中度的、明显的基部球。中食道球突出，背食道腺开口于基部球后3～4 μm处。肛门模糊，位于距尾端4个体宽处。尾剧尖，末端钝圆，有一个长度为1.25倍口针长的透明区。生殖原基具有2个细胞核，位于虫体中部靠后位置。侧尾腺模糊，位于肛门前。

雄虫：虫体通常为直线形，利用热力固定时虫体后1/4部分呈螺旋形旋绕90°～180°，前部渐尖直到颈部，此处宽度仅为体宽的1/2。尾部钝圆，尾长仅为体宽的1/2。侧尾腺孔近肛型。体表环纹清晰，侧区有4条刻线，无网格状结构。头部缢缩，呈圆屋顶状，有3～4个环纹，头部骨架对称，侧区略狭于亚侧区。裂缝状的侧器孔开口于侧区部的接近口的开口处。前头色粒在第2个环纹处，后头色粒在头部缢缩处后第6～8个环纹处。一直延伸到中部形成1个纺锤形有瓣膜的中食道球。狭部被神经环缠绕，食道腺覆盖肠的腹面和侧面。背食道腺开口于口针基部球后2 μm处，另外2个亚腹食道腺开口处则在中食道球内近瓣膜处。排泄孔位于中食道球后2～3个体宽处。半月体在排泄孔前6～10个体环处。单卵巢，尾钝圆，交合刺弯曲，后部略呈小球状，在前端有刻痕，引带结构简单。

雌虫：虫体白色，呈瓶状。具短颈插入寄主植物根内，膨大的部分留在根外面。阴门锥被携带卵的胶质团所覆盖。头部小，颈部急剧膨大呈圆柱形；排泄孔位于肩部，从此处开始虫体膨大而呈近球形，直到阴门锥处变小，肛门位于亚尾端。头架弱小，口针弱而小，具有小的基部球，中食道球明显，球形。食道腺覆盖肠的腹面和侧面。双卵巢长而卷曲，少部分卵产于胶质团内，极大部分卵仍留在体内。表皮分3层。外层覆盖脊状的网状结构。

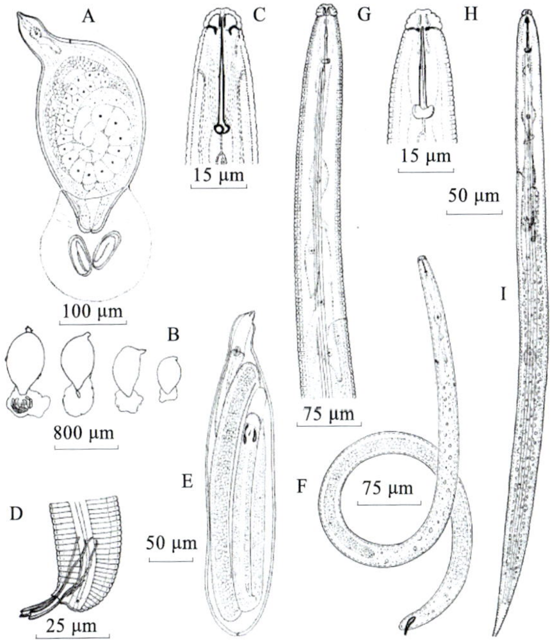

A：带卵囊的雌虫；B：带卵囊的孢囊；C：雄虫头区；D：雄虫尾部；
E：四龄蜕皮的雄虫；F：雄虫；G：雄虫食道区域；
H：二龄幼虫虫体前端；I：二龄幼虫。

图3-1 甜菜孢囊线虫形态图[10]

孢囊：当雌虫死后，表皮变成鞣革化和褐色的囊状物。孢囊表面粗糙，且有微小的皱褶，形成一个保护层保护里面的卵。孢囊从根上脱落，留在土壤中，孢囊含有500~600个卵，孢囊内的卵至少可以保存6年以上。甜菜孢囊线虫可以利用虫体形状和阴门锥结构与孢囊线虫属的其他种类区分开来。孢囊阴门锥末端阴门裂几乎等长于阴门桥，阴门裂位于孢囊表皮的肾形薄区的两侧，此区域在较老的孢囊中就只剩下两个孔或者被阴门桥分成两个半膜孔。在阴门锥内，有阴道连接的阴门下桥，下方有许多规则排列的、黑褐色臼齿型泡状突。成熟雌虫和新生孢囊的表面覆盖一层白色蜡状物俗称“亚水晶层”，当孢囊落于土壤中时，亚水晶层自然脱落。

（3）为害症状

受害甜菜地上部分表现为生长缓慢，苗稀，瘦弱矮小，黄化，病株叶片萎蔫，后期叶边缘变黄白干枯死亡（图3-2）。受害植物外层叶片在土壤湿度充足的条件下仍然会表现枯萎、萎蔫和凋落现象[2]。

图3-2　受害甜菜地上部分为害症状（彭德良摄）

受侵染的植物地下根部症状表现为甜菜孢囊线虫侵染甜菜根部后，刺激植物在受侵染位点的背面长出新的侧根，使得受到严重感染的根部表现出特征性的胡须状表型。侧根增多，根系呈簇须状，表现为白色，浅褐色或者深褐色的须根，须根表面有白色雌虫（图3-3），这是判别甜菜孢囊线虫的重要特征，随后白色雌虫死亡变成褐色孢囊（图3-4），遗落土壤中。须根有时可能表现轻微的根肿，并在线虫侵入位点表现局部的坏死。早期的侵染常会导致贮藏根的严重分枝和开裂[2]。

图3-3　甜菜地下根部为害症状（彭德良摄）

图3-4　土壤中分离出的孢囊（彭德良摄）

4. 线虫的快速分子检测方法

Amiri等根据ITS序列的差异，开发了一条甜菜孢囊线虫的特异性引物SHF6，它和ITS下游通用引物rDNA2组合，进行特异性PCR分子检测，能够从甜菜孢囊线虫中扩增出长度为255 bp的特异性片段[4]。

SHF6：5′-GTTCTTACGTTACTTCCA-3′；

rDNA2：5′-TTTCACTCGCCGTTACTAAGG-3′。

PCR扩增体系：94℃、4 min；94℃、30 s，45℃、40 s，

72℃、1 min，10个循环；94℃、30 s，55℃、40 s，72℃、1 min，20个循环；72℃、10 min。

九、防控措施

1. 植物检疫

控制或减少从疫区进口种子及带土、根的植物繁殖材料。疫情发生区严格禁止寄主作物种子和甜菜块茎调运，禁止种子和甜菜块茎在发病区和非发病区之间流通。禁止制糖工厂的废土运回田间[11]。

2. 选用抗耐病品种

新疆等地推荐使用beta796等耐病品种，同时加强抗病品种引进和选育。

3. 农业防治

发病中等和轻微的地块实行非寄主轮作。使用禾本科玉米或豆科植物牧草轮作3年非常有效。发病严重的实行6年轮作。

4. 化学防治

发生严重的田块，每亩用98%棉隆颗粒剂10 kg，均匀撒播于土壤表面，深耕后洒水，覆盖塑料膜，熏蒸3周后揭膜松土。发生程度中等的田块，每亩施用阿维菌素颗粒剂或噻唑膦颗粒剂4 kg，甜菜播种前随肥料撒播再翻耕。

参考文献

[1] COOKE D A. The effect of resistant cultivars of catch crops on the hatching of *Heterodera schachtii*[J]. Annals of Applied Biology，1985，106（1）：111-120.

［2］ 彭德良，彭焕，刘慧. 国外甜菜胞囊线虫发生危害，生物学和控制技术研究进展[J]. 植物保护，2015，41（5）：1-7.

［3］ 李建中，彭德良，刘淑艳. 潜在外来入侵甜菜孢囊线虫在中国的适生性风险分析[J]. 植物保护，2008，34（5）：90-94.

［4］ AMIRI S，SUBBOTIN S A，MOENS M. Identification of the beet cyst nematode *Heterodera schachtii* by PCR[J]. European Journal of Plant Pathology，2002，108（6）：497-506.

［5］ BLOK V C，TYLKA G L，Smiley R W. Resistance breeding[M]//Moens M，Perry R N and JonesJ T，Cyst Nematodes. Wallingford：CAB International，2018：174-214.

［6］ MULLER J. The economic importance of *Heterodera schachtii* in Europe[J]. Helminthologia，1999，36（3）：205-213.

［7］ STEELE A E. The host range of the sugar beet nematode，*Heterodera schachtii* Schmidt[J]. Journal of American Society of Sugar Beet Technology，1965，13（7）：573-603.

［8］ STEELE A E. Nematode parasites of sugar beets[M] //Nickle W R. Plant and insect nematodes. New York：Marcel Dekker，1984：507-569.

［9］ SUBBOTIN S A，MUNDOOCAMPO M，BALDWIN J G. Systematics of cyst nematodes（Nematodes：Heteroderinae）[J]. Systematics of Cyst Nematodes，2010，61（2）：424-424.

[10] FRANKLIN M T. CIH. Descriptions of plant-parasitic nematodes. Set 1. In：*Heterndena schachtii* morpbology and anatonry. Nemaplex page（p.4）[M/OL]. England：Commonwealth Institute of Parasito-logy. CAB International，1972. Retrieved 2012 June 5 from http://plpnemweb.ucdavis.edu/nemaplex/taxadata/G060S7.HTM

[11] 詹国平. 甜菜孢囊线虫[M]//中华人民共和国动植物检疫局，农业部植物检疫实验所. 中国进境植物检疫有害生物选编. 北京：中国农业出版社，1997：317-320.

（撰稿人：彭焕，彭德良）

第四章

腐烂茎线虫

（*Ditylenchus destructor* Thorne）

一、分类地位

线虫门Nematoda
　色矛纲Chromadorea
　　小杆目Rhabditida
　　　粒线虫科Anguinidae
　　　　茎线虫属*Ditylenchus*

二、英文名

potato rot nematode；potato tuber nematode；tuber rot nematode；sweet potato stem nematode。

三、中文名

马铃薯腐烂茎线虫；甘薯腐烂茎线虫。

四、起源、来源、原产地和世界其他国家和地区的分布情况

腐烂茎线虫最早在美国新泽西州库存甘薯上发现[1]，目前常见于欧洲、亚洲、非洲、北美洲、大洋洲。

欧洲：阿尔巴尼亚，奥地利，阿塞拜疆，白俄罗斯，比利

时，保加利亚，捷克共和国，爱沙尼亚，芬兰，法国，德国，希腊，匈牙利，爱尔兰，意大利，泽西岛，拉脱维亚，立陶宛，卢森堡，摩尔多瓦，荷兰，挪威，波兰，罗马尼亚，俄罗斯（俄罗斯中部、俄罗斯南部、俄罗斯北部），斯洛伐克，洛维尼亚，西班牙（西班牙群岛），瑞典，瑞士，土耳其，乌克兰，英国（英格兰和苏格兰）。

亚洲：中国（安徽、广东、海南、河北、河南、湖北、江苏、辽宁、内蒙古、山东、新疆、云南），伊朗，孟加拉国，印度，日本（本州岛），哈萨克斯坦，韩国，吉尔吉斯斯坦，马来西亚，巴基斯坦，沙特阿拉伯，塔吉克斯坦，乌兹别克斯坦。

非洲：南非。

北美洲：加拿大（不列颠哥伦比亚省、安大略省、爱德华王子岛），厄瓜多尔，海地，墨西哥，秘鲁，美国（阿肯色州、加利福尼亚州、夏威夷州、爱达荷州、印第安纳州、新泽西州、北卡莱罗纳州、俄勒冈州、南卡罗来纳州、弗吉尼亚州、华盛顿州、西弗吉尼亚州、威斯康星州）。

大洋洲：澳大利亚（新南威尔士州、南澳大利亚州、维多利亚州、塔斯马尼亚州、西澳大利亚州），新西兰。

五、入侵中国的最早记录或发现时间

在我国，腐烂茎线虫于1937年首次在甘薯上被发现，刚开始一直错误地沿用*Ditylenchus dipsaci*（kühn）Filipjev，1936，国外称其为起绒草茎线虫，国内称为甘薯茎线虫，直至1983年由尹光德、张云美对其进行订正，将其正式命名为甘薯腐烂茎线虫，病原线虫拉丁学名为*Ditylenchus destructor* Thorne，1945[2, 3]。

六、传播扩散途径和方式

腐烂茎线虫可以通过主动运动在短距离内进行传播，其主要是通过寄主植物的块茎、鳞茎（特别是观赏植物）、砧木、秧苗和球茎[4, 5]及附着在种植材料、机械和车辆上的病土进行远距离传播。被感染的工具和机械极大地促进了线虫在同一地块或不同地块进行传播，并且水也可作为该线虫传播的媒介。因此，灌溉（或在暴雨期间发生的径流和洪水）可以大大促进腐烂茎线虫的扩散[6]。雨水的径流可能会将线虫输送到田边的沟渠中，并进入灌溉系统。如果这些水被用来灌溉庄稼，线虫可能侵染被灌溉的田地。利用径流雨水传播线虫主要取决于当地的气候条件，在降水量高和阵雨频繁的地区尤为明显[7]。扩散的范围仅限于病田附近的田地，因此有区域性集中爆发的可能。

七、在中国的发生分布情况

1. 目前的实际发生分布

自1937年首先在河北省发现以来，目前已分布于北京、天津、河北（保定、石家庄、唐山、秦皇岛、承德、廊坊）、河南（郑州、洛阳、许昌、鹤壁、周口）、山东（青岛、烟台、临沂、泰安）、江苏、福建、辽宁、甘肃、内蒙古、陕西、安徽、广东、海南、湖北、新疆、云南等省（市、自治区）。

2. 适生性分布

2008年李建中[8]利用CLIMEX软件对马铃薯腐烂茎线虫在中国的潜在适生区进行了预测，结果显示该线虫在我国的适生区较广，其中山东、河南、山西、陕西、宁夏南部、甘肃东南部、辽宁西部、安徽北部、江苏北部、四川北部、云南部分地区、河北少数地区为高风险；另外吉林、黑龙江、四川、重庆、广东、青海、新疆、西藏等省市的部分地区也适合该线虫发生，腐烂茎线虫的低风险区在我国分布更为广泛。目前，腐烂茎线虫在我国河南、河北、山东、内蒙古、陕西、甘肃等多地普遍发生，且较为严重。

八、发生及为害特性

1. 发生与为害

腐烂茎线虫的侵染途径十分多样，可以从幼苗伤口、幼苗茎根表皮、块根表皮等多方位入侵[9]。其寄主范围广泛，已知的寄主有120多种作物、杂草及40个属70余种真菌。

腐烂茎线虫为害的主要寄主植物有以下几类：马铃薯、甘薯、郁金香、风信子、唐菖蒲、大丽花、甜菜、胡萝卜、洋葱、大蒜、黄瓜、烟草、大麦、小麦、番茄等[10-11]。

在无高等植物存在时，腐烂茎线虫能在真菌菌丝上繁殖，真菌寄主包括镰孢属、木霉属、轮枝菌属、葡萄孢属等[11]。

2. 生物生态学特性

腐烂茎线虫的发育和繁殖温度为5～34℃[10]，该线虫侵染的最适温度为20～27℃，在20～24℃条件下完成生活史需要20～26天，每个雌虫每次产卵1～3粒，一生可产100～200粒。由于世代重叠严重，虫态很不整齐，收获时往往成虫、幼虫和卵同时存在于薯块内，在贮藏期仍可继续为害，引起更大的损失。与其亲缘关系密切的物种不同，腐烂茎线虫缺乏保护性的休眠阶段，不能在干燥的环境中长期存活。它对湿度要求较高，不能在低于40%的相对湿度下生存[10]。因此增加土壤湿度会大大增加线虫危害程度。腐烂茎线虫在温度为15～20℃、相对湿度为90%～100%的环境中为害最为严重[10]。腐烂茎线虫以卵、幼虫、成虫在病薯内越冬，或以成虫在土壤内越冬[4, 12]。研究发现，成虫的较低致死温度为-15℃，少数二龄幼虫能够在-30℃的低温下存活[12]。这意味着这种线虫可以在所有种植马铃薯的农业区过冬。

3. 形态特征与症状识别

（1）形态特征

雌虫：蠕虫形，热杀死时稍向腹部弯曲，其体表具细环纹，体宽约1 μm，侧线6条，在虫体两端渐减为2条；头架骨化中等，唇区低平，略缢缩，唇区框架进行程度较高，侧气孔位于侧唇片。口针纤细，长度为10～14 μm，针锥长占口针长度的45%～50%；口针基部球明显，圆形，前表面向后斜。中食道球纺锤形，肌肉发达，有瓣，食道狭部细长且具有神经环，食道腺膨大成棒状在背部与肠重叠；偶尔能看到食道腺分支。排泄孔在食道腺与肠重叠点前或正好在重叠点处，半月体位于排泄孔前。阴门明显，位于虫体后部，成熟雌虫的阴唇略隆起，阴门裂与体轴线垂直，阴门宽度占4个体环。双卵巢，前卵巢向前可伸达食道处，后阴子宫囊长是肛阴距的2/3～4/5，卵长椭圆形，长度约占体宽的1.5倍。直肠和肛门明显，尾长约占肛门部体宽的3～5倍。尾锥形，稍向腹部弯曲，末端窄圆[11]（图4-1、图4-2）。

雄虫：虫体比雌虫短而细，前部形态与雌虫相似，经热杀死后体直或向腹面弯曲成弓形。尾比雌虫的尾部略窄，且末端尖圆；单精巢前伸，前端可达食道腺基部，精细胞大，直径通常为3～5 μm。泄殖腔隆起，交合伞起始于交合刺前端水平处，向后延伸达尾长3/4；交合刺成对，长24～27 μm，向腹面弯曲，前端膨大具指状突；引带短，简单[11]（图4-1、图4-2）。

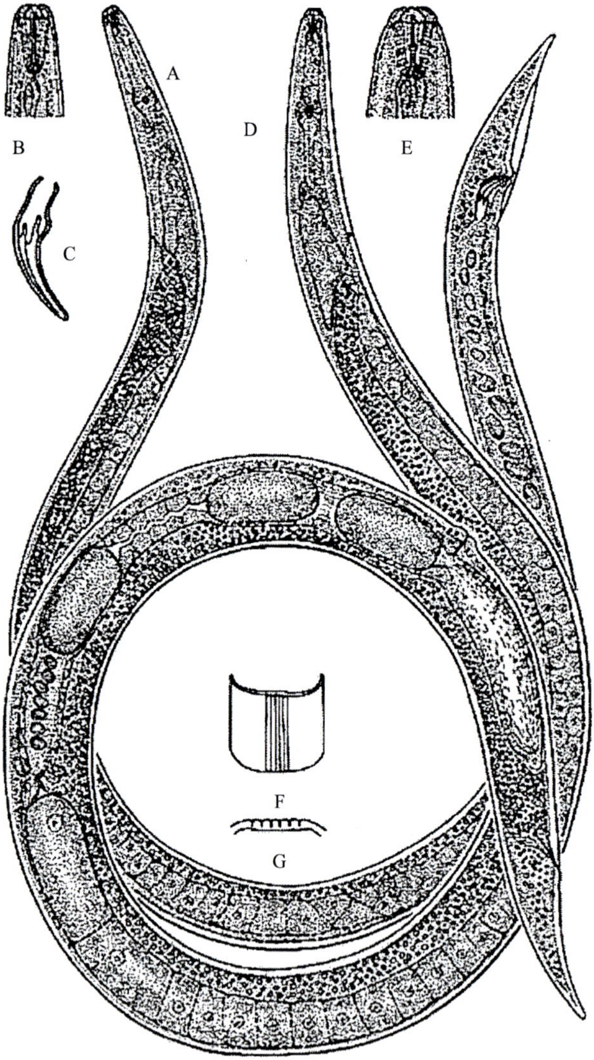

A：雄虫整体；B：雄虫头部；C：雄虫交合刺；D：雌虫整体；
E：雌虫头部；F：雌虫体中部侧区；G：雄虫侧区横切面。

图4-1　腐烂茎线虫形态特征图 | [10]

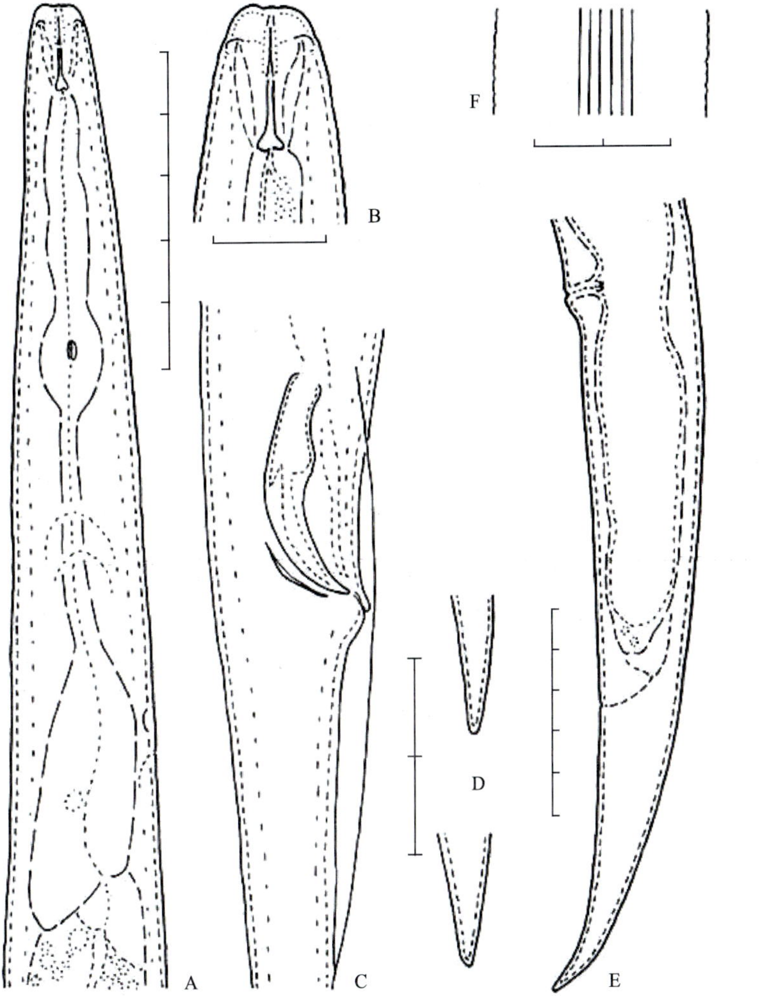

A：雌性虫体前端；B：雌性头部；C：雄性交合伞和交合刺；D：雄、雌性尾端；E：雌性体后部；F：侧线；标尺：10 μm。

图4-2 腐烂茎线虫形态图特征Ⅱ[11]

（2）症状识别

1）地上部分。腐烂茎线虫是一种迁移性植物寄生线虫。腐烂茎线虫主要侵染植物的地下部分，地上部分发生为害较少。地上部分主要表现在苗期和茎蔓上。苗期症状主要表现为幼苗矮化失绿，叶片卷曲，茎基部会出现褐色条形或块状晕斑。茎蔓处为害症状主要表现在髓部，侵染前期呈现白色，后期严重时呈现褐色干腐，茎蔓表皮有龟裂现象并伴随黑褐色条斑[13]。

2）地下部分。线虫通过寄主匍匐茎或块茎的皮孔和芽眼进入，早期的症状是表皮下面有一小的白色斑点，去皮后肉眼可见。此后随着侵染部位的扩大，融合成淡褐色病变，病变部位含有干的颗粒状组织，在表皮下可见；随着侵染的发展，组织变干、皱缩，表皮龟裂、变薄；内部组织逐渐变黑，通常有真菌、细菌、螨虫等其他生物进行次生侵染（图4-3、图4-4）。被侵染的甘薯症状和马铃薯及大丽菊球茎等相似。鸢尾和郁金香受侵染通常从基部开始，渐渐向上扩展至肉质鳞茎，导致灰白色至黑色病变；甚至根系变黑，叶片发育不良，叶尖呈黄色[13]。

图4-3　腐烂茎线虫对甘薯的为害（李云卿摄）

图4-4　腐烂茎线虫对马铃薯的为害（李云卿摄）

4. 线虫的快速分子检测

DNA提取：用线虫挑针挑取腐烂茎线虫若干条，放入去离子水中洗涤3次；在灭菌的离心管中加10 μL去离子水，挑取3～10条经过洗涤的线虫，用银针将线虫戳破，继而加入7 μL WLB（线虫裂解液）和3 μL蛋白酶K溶液，反复冻融，转入PCR仪，65℃、90 min，95℃、10 min，使蛋白酶K失活。取出后13 000 r/min离心1 min，取上清液即可用于PCR扩增或者于−20℃保存备用[14]。

特异性标记引物PCR扩增：

DdS1：5′-TCGTAGATCGATGAAGAACGC-3′；

DdS2：5′-ATTATCTCGAGTGGGAGCGC-3′。

DdL1：5′-TTGTGTTTGCTGGTGCGCTTGT-3′；

DdL2：5′-GAGTGAGAGCGATGTCAACATTG-3′。

内标：

D3A：5′-GACCCGTCTTGAAACACGGA-3′；

D3B：5′-TCGGAAGGAACCAGCTACTA-3′。

A型特异性引物双重PCR扩增：灭菌的200 μL PCR离心管，依次加入2.5 μL 10×PCR缓冲液（含Mg^{2+}离子），2 μL dNTP，引物DdS1\DdS2与D2A/D3B（浓度均为20 μmol/L）各0.5 μL，1U *Taq*酶以及3 μL DNA粗提上清液作为模板，最后加去离子水补足至25 μL，设置阴性对照。

PCR反应条件：94℃预变性2 min；94℃变性30 s，55℃退火30 s，72℃延伸45 s，共35个循环；72℃，8 min；于4℃保存。

电泳检查：取5～10 μL扩增产物，加1 μL 10×loading buffer（缓冲溶液）在1.5%琼脂糖凝胶上电泳，通过凝胶成像仪观察。

B型特异性引物检测：将A型特异性引物双重PCR扩增中的引物DdS1\DdS2换成DdL1\DdL2即可。

结果判定：符合上述形态特征的线虫或形态特征疑似并经内标扩增片段长度约为345 bp，特异性引物扩增的特异性片段约为

252 bp（A型腐烂茎线虫）或485 bp（B型腐烂茎线虫），阴性对照无产物时，均可判定检测的线虫是腐烂茎线虫[15]。

九、防控措施

1. 农业防治

国内外一些研究表明，利用农业防治来控制腐烂茎线虫病害可通过以下几个途径：建立无病留种地、选育抗病品种、培育无病壮苗、清洁田园、合理轮作倒茬等。叶松枝等首先提出甘薯与棉花、高粱、玉米、谷子等轮作4～6年，可减少腐烂茎线虫数量积累[16]。任明芳研究发现，前茬以小麦为主，轮作3年以上，并覆盖地膜可减轻当归麻口病的发生程度[17]。徐德坤等研究表明，甘薯移栽时，于苗床的3～5 cm处实行高剪苗能降低薯苗带病率[18]。

2. 物理防治

物理防治主要措施为：高温闷棚、土壤深翻暴晒、覆膜措施等。吕建平等研究表明，深翻暴晒土壤能够达到控制线虫的目的[19]。Thomas表示，在40～65℃下，温汤浸种15 min，可防治腐烂茎线虫[20]。原霁虹表示，杀死马铃薯块茎内腐烂茎线虫的最佳温度为43℃，处理时间为180 min[21]。

3. 生物防治

植物线虫的生物防治资源主要包括具有捕捉器的真菌、寄生真菌、寄生细菌、根际细菌等[22]。除此之外，还包括抑制线虫的植物源物质等。段玉玺等从人参土壤中分离得到一株哈茨木霉Snef85，并证实其发酵液对腐烂茎线虫有毒力[23]。徐蕊等从红车轴草根乙醇提取物中分离得到了黄酮类化合物三叶豆紫檀苷对腐烂茎线虫二龄幼虫有一定的麻醉活性[24]。王思敏等发现铺散亚菊挥发油对马铃薯腐烂茎线虫的LC_{50}为3.83 mg/mL，对其具有很好的毒杀作用[25]。Xu研究表明，甘薯分泌的乳胶成分中十八烷基香豆酯对腐烂茎线虫具有驱避作用[26]。

4. 化学防治

化学防治是目前最有效、生产使用最多的防治腐烂茎线虫的措施。漆永红建议生产上以180 μg/mL 1.8%阿维菌素乳油和2 000 μg/mL 20%丁硫克百威乳油浸根处理防治甘薯茎线虫病[27]。毛红彦等通过对比7种药剂穴施对腐烂茎线虫的防治，筛选出的成本低效果好的药剂是30%辛硫磷微囊悬浮剂[28]。赵艳丽筛选出的10%噻唑膦颗粒剂、20%噻唑膦悬浮剂、0.5%阿维菌素颗粒剂3种低毒药剂，可以挽回因腐烂茎线虫造成的大幅减产，挽回损失率均在80%以上[29]。张大帆试验表明，阿维菌素和溴氰菊酯对腐烂茎线虫的抑制作用高于百克威和丙溴磷[30]。罗杰通过比对3种药剂对腐烂茎线虫侵染的作用，得出抑制活性依次为：涕灭威>丙溴磷>阿维菌素[31]。

参考文献

[1] BAKER A J S A. The potato-rot nematode, *Ditylenchus destructor* Thorne, 1945, attacking potatoes in Prince Edward Island[J]. Scientific Agriculture, 1946, 26（3）: 138-139.

[2] THORNE G. *Ditylenchus destructor*, n. sp. the potato rot nematode, and *Ditylenchus dipsaci*（Kühn, 1857）Filipjev, 1936, the teasel nematode（Nematoda: Tylenchidae）[J]. Proceedings of the Helminthological Society

of Washington，1945，12（2）：27–34.

[3] 尹光德，张云美. 甘薯茎线虫病病原线虫的订正[J]. 山东大学学报（理学版），1983（4）：122–132.

[4] CABI（Commonwealth Agricultural Bureaux International）/EPPO（European and Mediterranean Plant Protection Organization）. Data sheets on quarantine pests. *Ditylenchus destructor*. [EB/OL]. In：Quarantine Pests for Europe，2nd and Data Sheets on Quarantine Pests for European Union and for the European Mediterranean Plant Protection Organization. SMITH I M，MCNAMARA D G，SCOTT P R，et al，CAB International，Wallingford，UK，1997：593–596.

[5] CABI（Commonwealth Agricultural Bureaux International）. *Ditylenchus destructor*. Invasive species compendium. [EB/OL]. 2014，Available online：http://www. cabi. org/isc/datasheet/19286（accessed June 2014）.

[6] LEHMAN P S. Dissemination of *phytoparasitic* nematodes[J]. Nematology Circular，1994：208.

[7] EFSA Panel on Plant Health（PLH）. Scientific Opinion on the risks to plant health posed by European versus non-European populations of the potato cyst nematodes *Globodera pallida* and *Globodera rostochiensis*[J]. EFSA Journal，2012，10（4）：2644.

[8] 李建中. 六种潜在外来入侵线虫在中国的适生性风险分析[D]. 吉林：吉林农业大学，2008.

[9] 谢逸萍，王欣，李洪民，等. 甘薯茎线虫病抗侵入和抗扩展资源评价[J]. 植物遗传资源学报，2009，10（1）：136−139.

[10] HOOPER D J. *Ditylenchus Destructor*[M]//CIH Descriptions of Plant-parasitic Nematodes. Wallingford: CAB International，1973.

[11] STURHAN D，BRZESKI M W. Stem and bulb nematodes，*Ditylenchus* spp.[M]//Manual of Agricultural Nematology. CRC Press，2020：423−464.

[12] ŠVILPONIS E，KIIESAAR K，KAART T，et al. Low temperature survival of post-eclosion stages of the potato rot nematode *Ditylenchus destructor* Thorne（Tylenchida：Anguinidae）[J]. Nematology，2011，13（8）：977−983.

[13] EPPO（European and Mediterranean Plant Protection Organization）. EPPO PM 7/87. *Ditylenchus destructor* and *Ditylenchus dipsaci*[J]. EPPO Bulletin，2008，38：363−373.

[14] BERT W，LELIAERT F，VIERSTRAETE A R，et al. Molecular phylogeny of the *Tylenchina* and evolution of the female gonoduct（Nematoda：Rhabditida）[J]. Molecular Phylogenetics and Evolution，2008，48（2）：728−744.

[15] 宛菲，彭德良，杨玉文，等. 马铃薯腐烂茎线虫特异性分子检测技术研究[J]. 植物病理学报，2008，38（3）：263−270.

[16] 叶松枝，李跃杰，刘海元. 甘薯茎线虫病的发生与防治技术[J]. 植保技术与推广，1997（3）：20−21.

[17] 任明芳. 当归主要病虫害防治技术[J]. 农业科技与信息，

2003（7）：40.

[18] 徐德坤，王琪，张玉东，等. 甘薯茎线虫病的危害与防治措施[J]. 作物杂志，1996（1）：30.

[19] 吕建平. 不同深翻晒土时间对烟草根结线虫病的防效[J]. 云南农业科技，1997（2）：19-20.

[20] THOMAS R J，CLARK C A. Effects of concomitant development on reproduction of *Meloidogyne incognita* and *Rotylenchulus* reniformis on sweet potato[J]. Journal of Nematology，1983，15（2）：215-221.

[21] 原霁虹. 马铃薯腐烂茎线虫病害的发生及其防治[J]. 四川农业科技，2012（9）：42-43.

[22] 金娜，刘倩，简恒. 植物寄生线虫生物防治研究新进展[J]. 中国生物防治学报，2015，31（5）：789-800.

[23] 段玉玺，靳莹莹，王胜君，等. 生防菌株Snef85的鉴定及其发酵液对不同种类线虫的毒力[J]. 植物保护学报，2008（2）：132-136.

[24] 徐蕊，金辉，刘权，等. 红车轴草中（6aR，11aR）-三叶豆紫檀苷对马铃薯腐烂茎线虫的麻醉活性研究[J]. 天然产物研究与开发，2011，23（5）：820-823.

[25] 王思敏，朱婕妮，张迪，等. 铺散亚菊挥发油化学成分组成及其对马铃薯茎线虫的毒杀作用[J]. 植物保护，2018，44（2）：154-157.

[26] XU Z，ZHAO Y Q，YANG D J，et al. Attractant and repellent effects of sweet potato root exudates on the potato rot nematode，*Ditylenchus destructor*[J]. Nematology，2015，

17（1）：117-124.

[27] 漆永红，杜蕙，曹素芳，等. 不同药剂对甘薯茎线虫病病原马铃薯腐烂茎线虫的影响[J]. 江苏农业科学，2011（1）：150-152.

[28] 毛红彦，李素芳，马占宽. 不同药剂防治甘薯腐烂茎线虫病试验研究[J]. 植物检疫，2019，33（1）：56-58.

[29] 赵艳丽，孔德生，惠祥海，等. 防治甘薯田腐烂茎线虫的药剂筛选[J]. 中国植保导刊，2018，38（7）：76-78，83.

[30] 张大帆. 不同类型杀虫剂对马铃薯腐烂茎线虫的毒力及穿透性分析[D]. 长沙：湖南农业大学，2016.

[31] 罗杰. 马铃薯腐烂茎线虫对低剂量杀线虫剂的适应性研究[D]. 长沙：湖南农业大学，2014.

（撰稿人：李云卿，黄宏坤，王宏宝）

第五章

鳞球茎茎线虫

[*Ditylenchus dipsaci*（Kühn）Filipjev]

一、分类地位

线虫门Nematoda

  色矛纲Chromadorea

    小杆目Rhabditida

      粒线虫科Anguinidae

        茎线虫属*Ditylenchus*

二、英文名

stem and bulb nematode。

三、中文名

鳞球茎茎线虫，起绒草茎线虫。

四、起源、来源、原产地和世界其他国家和地区的分布情况

鳞球茎茎线虫在全球范围内均有分布，尤其在温带地区发生较为严重。在美国、英国、澳大利亚、加拿大、智利、德国、墨西哥、新西兰等地分布较广。

五、入侵中国的最早记录或发现时间

目前，鳞球茎茎线虫在我国至今尚未被证实有发生分布，属于我国禁止进境的检疫性有害生物。

六、传播扩散途径和方式

鳞球茎茎线虫在田间随土壤、流水、植物病残体近距离传播，远距离传播主要依靠带病种苗、球茎的调运。近年来，我国海关多次在船舶、旅客携带的植物材料、食品以及进口种球、幼苗中截获鳞球茎茎线虫。

七、在中国的发生分布情况

1. 我国目前的实际发生分布情况

暂无报道。

2. 适生性分布

经GARP和MaxEnt风险分析模型软件预测，我国中部温带地区具有广泛的鳞球茎茎线虫适生区，高风险地区包括北京、天津、河北、山东、江苏、上海、浙江、福建、山西、河南、安徽、湖北、江西、湖南、广西北部、云南、四川、青海北部、重庆、陕西、宁夏、甘肃、海南、内蒙古南部、辽宁南部、新疆东南部等地[1]。

八、发生及为害特性

1. 发生与为害

鳞球茎茎线虫是最具毁灭性的植物寄生线虫之一，被许多国家列入检疫名单。该线虫有超过30个生理小种，寄主植物超过500种，包括大蒜、洋葱、甜菜、烟草、胡萝卜、大豆、马铃薯、草莓以及各种观赏植物等[3]。20世纪20年代，鳞球茎茎线虫曾给英国的水仙种植业造成毁灭性灾害；近年来，该线虫在加拿大的安大略省和魁北克省为害严重，给当地大蒜和洋葱种植业造成严重损失，严重的地块产量损失高达90%。

2. 生物生态学特性

鳞球茎茎线虫的繁殖力强，在最适温度15～20℃时，新产生的卵2天内即可孵化出二龄幼虫，主要在四龄幼虫阶段侵染寄主，在4～5天内可发育成雌虫并开始产卵。在一个种植季，一条雌虫可产下超过250粒卵，世代可发生6代。初次受到侵染的植物症状表现不明显，但随着虫口密度的快速增加，会出现茎部肿大、开裂变形，鳞茎变色腐烂等症状，往往在下一种植季节出现大面积发病，并造成大幅度减产。另外，该线虫的抗逆性极强，当植物组织开始失水变干时，线虫以潜生的状态聚集成“虫绒”（nematode wool）以抵御干燥，可承受20年甚至更长时间的干燥环境，而带有线虫的干燥植物组织、种苗是该线虫远距离传播的主要途径[4]。

3. 主要形态特征与症状识别

（1）形态特征

雌虫形态：热杀死时，虫体近直线形，角质层有明显环纹，环距1 μm；侧区有四条侧线，占虫体的1/8～1/6；唇区低平，无环纹，几乎不缢缩；头架中等发达，口针长10～12 μm，有明显的基部球；食道前体部窄，后食道腺与肠平截或略有覆盖；排泄孔针对后食道腺基部；尾锥形，尾长是肛门处体宽的4～5倍，末端尖锐；阴门清晰，前卵巢向前延伸，卵母细胞单列，偶尔双列，后因子宫囊向肛门处延伸，约是阴肛距的一半（图5-1）。

雄虫形态：虫体前体部与雌虫相似；热力杀死时虫体直线形；

尾部与雌虫相似，末端锐尖；交合伞开始于交合刺的前部末端部位，交合伞长度约是尾长的3/4；交合刺向腹部弯曲，并向前延伸，引带短，简单。

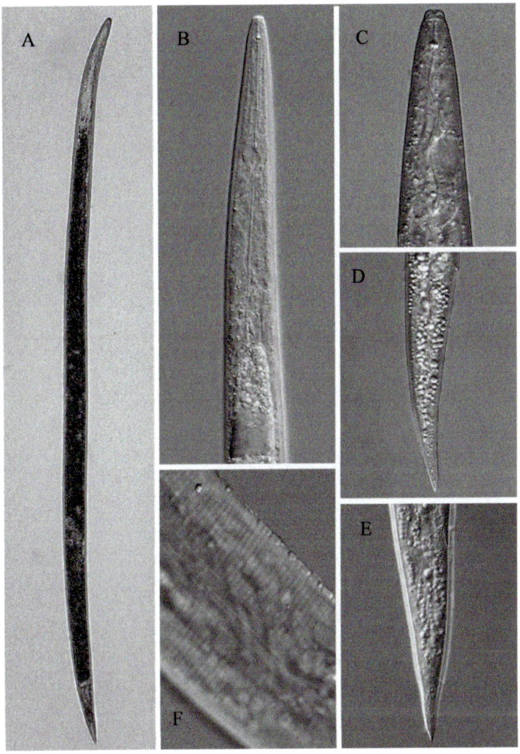

A：雌虫；B：食道；C：食道前体部；D～E：雌虫尾部；F：侧线。

图5-1　鳞球茎茎线虫雌虫形态特征[2]

（2）症状识别

鳞球茎茎线虫侵染阶段为四龄幼虫，可侵染植物的根、茎、叶、花，但主要为害鳞茎、球茎、块茎等各类茎组织（图5-2），该线虫主要在茎薄壁组织取食，致使细胞壁中层分解，造成植物地上部分（如花、茎等部位）畸形肿大，茎基部及鳞块茎腐烂，严重时根基盘从球茎上断裂，地上部整株死亡（图5-3）。

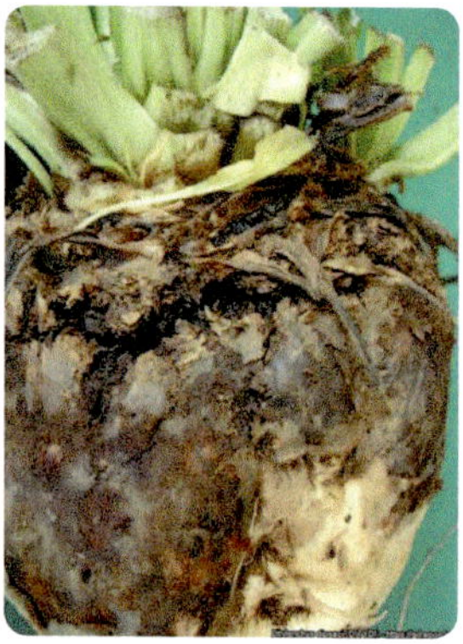

图5-2　鳞球茎茎线虫为害的水仙鳞茎（左）、甜菜根部（中）和洋葱（右）[4]

图5-3　鳞球茎茎线虫为害的洋葱田块（左）和苜蓿田块（右）[4]

九、防控措施

严格植物检疫是必要且最为有效的措施，对于我国而言，对进口植物材料进行严格检疫尤为重要。鳞球茎茎线虫的防治措施主要有种苗处理、轮作和土壤熏蒸，同时农器具、机械设备的清洁也很重要。

参考文献

[1] 崔金璐. 鳞球茎茎线虫入侵与适生性风险分析[J]. 上海农业科技，2015，1：31-32.

[2] 顾建锋，何洁，李如松，等. 美国苜蓿草中鳞球茎茎线虫的鉴定[J]. 植物检疫，2016，4（30）：21-26.

[3] JHOH T J，ANNELIES H，ETIENNE G J D，et al. Top 10 plant-parasitic nematodes in molecular plant pathology[J]. Molecular plant pathology，2013，14（9）：946-961.

[4] ALFIANDA M，SIWI I. Host range of stem and bulb rot Parasite nematode[C]//Key Engineering Materials. Trans Tech Publications Ltd，2020，840：137-141.

（撰稿人：迟元凯，刘慧）

第六章

水稻茎线虫

[*Ditylenchus angustus* (Butler) Filipjev]

一、分类地位

线虫门Nematoda

色矛纲Chromadorea

小杆目Rhabditida

粒线虫科Anguinidae

茎线虫属*Ditylenchus*

二、英文名

rice stem nematode。

三、中文名

水稻茎线虫。

四、起源、来源、原产地和世界其他国家和地区的分布情况

水稻茎线虫于1913年首次发现于东孟加拉地区（现孟加拉国）的水稻上[1]。目前，水稻茎线虫主要分布在亚洲水稻种植地区，包括孟加拉国、印度、印度尼西亚、马来西亚、菲律宾、缅甸和泰国[2, 3]。我国暂未见分布报道。非洲的埃及、马达加斯加和

苏丹曾有发生报道，但未经证实[2]。

五、入侵中国的最早记录或发现时间

中国目前未有水稻茎线虫的发生报道。1986年开始，我国将水稻茎线虫列为禁止入境的危险性有害生物，并对来自水稻茎线虫疫区的水稻及其附属产品、寄主植物及其产品等采取了严格的检疫措施，严防水稻茎线虫的传入[4]。

六、传播扩散途径和方式

水稻茎线虫外寄生于寄主植物幼嫩组织，包括花梗的基部、茎秆末节以上以及颖片之内[5]。卵、幼虫和成虫在发病水稻的各个生长阶段均可发现。水稻茎线虫可由土壤侵入到稻苗，然后随病苗移栽到大田，在田间此病原可通过田间的灌水，排水及雨水传播。在气候潮湿时，病株茎叶上的线虫可通过相互接触摩擦而传播。收获水稻后病田内的根茎、根蘖、病株残体及被污染了的土壤均可传病，成为次年的初次侵染来源。稻谷谷粒内也能发现此线虫。水稻茎线虫从一个区域传到另一个区域的远距离传播，主要是人为因素在起作用，如随稻种的引进和铺垫稻草料等的进口，稻种引进是水稻茎线虫作远距离传播的主要途径[6，7]。

七、在中国的适生性分析

根据同纬度、气候相似或地理相似原理，我国大多数水稻种植区域的气候条件适合水稻茎线虫定殖、发生和流行，包括海南、广东、广西、福建、浙江、江西、云南、贵州、四川、湖南、湖北、江苏、安徽、河南、陕西、山东、河北、山西、北京、上海、香港等20多个省份和地区[4]。随着国际贸易往来日趋频繁，水稻茎线虫病从缅甸、印度、菲律宾等疫区国家传入我国的风险加剧，在加强稻谷种质材料及附属物严格检疫的同时，需进一步开展风险评估分析，并通过国际合作监测水稻茎线虫病在周边国家的发生，以防传入我国[8]。

八、发生及为害特性

1. 发生与为害

（1）主要寄主

主要为害水稻，寄主包括栽培稻和野生稻以及部分杂草，如亚洲栽培水稻*Oryza sativa*、非洲栽培稻*O. glaberrima*、高秆野生稻*O. alta*、普通野生稻*O. rufipogon*、阔叶稻*O. latifolia*、疣粒稻*O. meyeriana*、印度野生稻*O. nivara*、小粒野生稻*O. minuta*、药用稻*O. officinalis*、野生红稻*O. perennis*，以及光头稗*Echinochloa colona*、水禾*Hygroryza aristata*、间序囊颖草*Sacciolepis interrupta*、李氏禾*Leersia hexandra*等杂草[9, 10]。

（2）为害特点

水稻茎线虫是一种外寄生虫，主要寄生在花梗的基部、茎秆末节以上以及颖片之内，这些地方大多有包括卵到成虫各个阶段的大量线虫[5]。在潮湿的条件下，水稻茎线虫从土壤中沿着水稻幼苗迁移，并侵入水稻的生长点，在水稻秧苗插栽后的几天，生长点的顶芽上就能发现此线虫，并能随植株的生长点不断转移，取食新形成叶鞘内组织细胞。在水稻开花抽穗期间，在植株的叶鞘、茎、顶节、花梗、散穗花序种子的周围幼嫩的茎部发现此线虫存在[11, 12]。

水稻茎线虫的发生繁殖与气候、环境条件密切相关。水稻茎线虫能在1～30℃下存活，发育最适宜温度为25℃。雌虫成熟后，当温度达到10.6℃即可产卵。随着温度升高，孵化时间缩短，在20℃、25℃、30℃下分别需4天、3天、2天即可孵化[13]。温度高于35℃时，雌虫不产卵且卵也不能孵化。在相对湿度75%、温度为30℃条件下水稻茎线虫10～20天可完成一个世代[12]。在孟加拉国，水稻茎线虫的繁殖主要发生于5月、6月和11月，一年至少发生3代[7]。在雨季，线虫严重侵染水稻；在干旱、低温季节，线虫迁移和繁殖受抑制或减少，水稻较少感染此病。通常直播稻田此病发生重，移栽秧苗的稻田发病轻。在水稻收获后，水稻茎线虫寄生于水稻残株、土壤、寄主植物和种子里越冬。当温度和湿度适宜时，水稻茎线虫再次侵染水稻植株或其他寄主[14]。

在东南亚和南亚，由于地理位置邻近赤道和印度洋，受海洋季风的影响常年高温高湿，为水稻茎线虫的侵染提供了有利的自然条件。据报道，该线虫在印度可造成约50%的损失，在泰国可造成20%～90%的损失，在孟加拉国部分稻区可造成20%以上的损失[15-17]。水稻茎线虫侵染后，还可使植株内含氮量增加，会加重稻瘟病、叶鞘腐败病和细菌性条斑病等病害的发生[18]。

2. 主要形态特征与症状识别

（1）形态描述

雌虫：虫体细长，近直线形或略向腹部呈弧形弯曲，角质层有细微环纹；体中部环纹约1 μm宽；唇区无环纹，缢缩不明显；头区骨架稍硬化，六角放射形；正面观唇区分6个部分，大小近相等；侧区为体宽的1/4或略少，有4条侧线，几乎延伸到尾尖；颈乳突在排泄孔的后方，紧接排泄孔。侧尾腺口位于尾中部的后面，孔状；口针发育较好，口针锥体约占口针全长的45%；基部球小但明显；食道前体部圆筒状，长为体宽的3 ~ 3.6倍，在与中食道球连接时变窄，中食道球卵形，在中食道球中心前部有明显的瓣门；食道狭部窄，圆筒状；是食道前体部长度的1.5 ~ 1.9倍；后食道腺体常呈梭形，长27 ~ 34 μm，主要在腹面稍覆盖肠，有3个明显的腺核，无贲门；神经环明显，在中食道球后面21 ~ 35 μm处；排泄孔位于从头部开始向后90 ~ 110 μm处，略在后食道球开始处的前部；半月体在排泄孔前3 ~ 6 μm处；阴门有横的狭长裂口，阴道管略斜，体宽一半以上；受精囊长形，充满大的圆形精子；前卵巢向前伸展；卵母细胞单行排列，极少有双行；后阴子宫囊内无精子，退化，长度是阴门径的2 ~ 2.5倍，延伸至阴门至肛门距离的1/2 ~ 2/3。尾部锥形，长度是肛门处虫体直径的5.2 ~ 5.4倍，末端渐尖，类似尖突[19, 20]（图6-1）。

雄虫：虫体近直或略向腹部弯曲，形态上类似雌虫；具有交合伞，开始于交合刺的近末端腹面，延伸几乎达尾尖；交合刺向腹部弯曲，简单；引带短，简单[19, 20]（图6-1）。

幼虫：在总的形态方面与成虫相似；食道按比例长于成虫的食道[19, 20]（图6-1）。

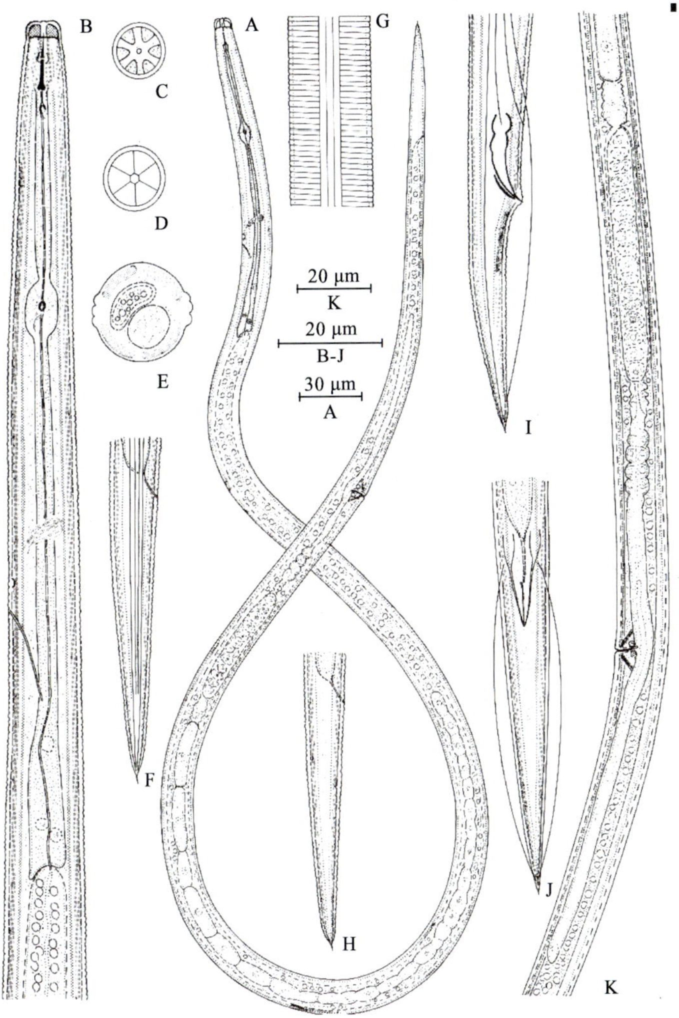

A：雌虫；B：雌虫食道区；C：头顶面观；D：雌虫体横断面；E：唇基部横断面；F：雌虫尾部；G：侧区和侧线；H：雌虫尾端；I，J：雄虫尾部；K：雌虫生殖腺。

图6-1 水稻茎线虫［*Ditylenchus angustus*（Butler）Filipjev］形态特征[6]

（2）测量数据（表6-1）

表6-1　水稻茎线虫测量值[1]

线虫	L（mm）	W（μm）	St（μm）	a	b	c	v
雌虫	0.9（0.7～1.1）	19（15～22）	9～10	50（47～58）	7	20	70～80
雄虫	0.6～1.1	14～19	9～10	44（36～47）	7	18～23	—

（3）症状识别

水稻茎线虫侵染水稻10～15天后即表现病状，症状在水稻整个生育期不同部位均可表现。苗期的叶和叶鞘出现褪绿，后变成灰白色，叶缘波纹状，幼叶的基部扭曲，叶鞘畸形。较低的茎节会膨大，多分枝（图6-2）。末期全株枯萎或死亡。穗期的症状主要分为以下3类。

图6-2　苗期为害症状[7]

①成熟型。穗形成的早期线虫为害日趋明显。病穗从叶鞘中抽出，靠近穗的顶部，能结成一些正常谷粒，但是穗的下部小花全不受精，或仅有部分小花结实。花梗呈暗褐色到黑色。

②膨肿型。线虫破坏始于穗形成的早期，这种病穗紧裹叶鞘里面，不能抽出，呈纺锤形肿大，剥去叶靴，可见病穗已变为褐色，并歪曲歪扭，不结实。花的各部也退化难辨。

③中间型。穗仅部分抽出，显示细弱而不结实。病株常在被害处，形成分枝，即在同一叶鞘内伸出2～4根扭曲的穗。其中只有主穗形成的穗，大小正常（图6-3）。

图6-3　穗期为害症状[7]

九、防控措施

水稻茎线虫能在干燥的稻种中存活6～15个月，可随稻种、稻穗、稻草、草席、草袋及稻属等寄主植物及其产品的进口进入我国。我国水稻种植面积很大，华南热带和亚热带地区属于水稻茎线虫的适生区，一旦传入，该线虫定殖为害的可能性很大，风险极高，需严格执行检疫制度[4]。

1. 植物检疫

（1）稻种检疫

首先要注意检查褐色畸形种子，其次要看稻种内是否混有稻草或其他水稻残体，同时注意是否夹带泥土等，收集后与采样的样品一并送实验室进行检查。抽样所得种子，可将稻种去壳，利用浅盘法或贝尔曼漏斗法分离颖壳中可能携带的线虫。分离所得的线虫制成临时玻片，在显微镜下观察，并根据形态特征进一步鉴定。对于畸形、不饱满的种子，可直接在显微镜下解剖，检查有无线虫。如有线虫，制成临时玻片，在显微镜下观察，并根据形态特征进一步鉴定[7, 20]。

（2）稻草及其编织品

检查叶鞘颜色异常、叶缘卷缩、叶尖弯曲、整张叶片扭曲或呈畸形、草秆短小的稻草及其编织品。收集上述可疑植物材料及所夹带的土壤等与采集的样品一并带回实验室检验。将采得的样品适当处理成小段，用浅盘法或贝尔曼漏斗法分离线虫。分离所得的线虫制成临时玻片，在显微镜下观察，并根据形态特征进一步鉴定[7, 20]。

对于分离出水稻茎线虫的样品，采用焚烧或大剂量的熏蒸处理[20]。

2. 农业防治

国外研究报道，通过清洁田园，清除病残体和田间杂草，采取水旱轮作模式以及优化种植等农业操作方式，能降低水稻茎线虫发生率[21]。

（1）清洁田园

焚烧被感染的作物残茬是控制水稻茎线虫的一种有效方法。发现水稻被水稻茎线虫侵染时，应当销毁水稻收获后的秸秆。同时，拔除田间再生稻、野生稻和其他寄主杂草以防止水稻茎线虫的进一步繁殖，减少翌年线虫侵染基数。

（2）轮作或休闲

利用水稻茎线虫只寄生稻属作物的特点，轮种其他非寄主植物1年或让病田休闲1年，就可以让田间土壤中的病原线虫因为缺少寄主而死亡。有研究报道种植黄麻或芥菜，可以降低水稻茎线虫病的发生率。

（3）优化栽培

通过使用深水稻的短生育期品种或晚播和移栽，幼苗期短时间淹水等可以减少线虫的感染。

3. 抗性品种

利用抗性品种也能较好地控制水稻茎线虫的发生[22]。国外报道对水稻茎线虫具备良好抗性的水稻品种或品系有越南育种品系（IR9129-393-3-1-2、IR9129-169-3-2-2、IR9224-117-2-3-1和IR2307-247-2-2-3）和栽培品种（BKN6986-8、CNI-53和Jalaj），缅甸品种（B-69-1），孟加拉国品种（Rayada B3、Manikpukha），泰国品种（Khao Tah Ooh），印度品种（IR36和IFT4094）。

4. 化学防治

田间试验表明，在水稻播种前或移苗前每亩使用克百威2 kg，可减轻病害42%～63%，增产38%～59%[23, 24]。用药前把田水放至3～5 cm深，水稻移栽后的第7天和稻分蘖期各用药1次，直接把配好的拌细土药撒入田间，可有效地控制水稻茎线虫病的发生为害。具体药剂是每亩用50%线畏磷2 kg。

参考文献

[1] BUTLER E J. Disease of rice：an eelworm disease of rice[J]. Agricultural Research Institute Bulletin，1913，34（B）：1-37.

[2] CAB. Invasive Species Compendium：Status as determined by CABI editor[EB/OL]. Wallingford，UK：CABI，2021. https://www. cabi. org/isc/datasheet/19285.

[3] EPPO. EPPO Global database[DS/OL]. In：EPPO Global database，Paris，France：EPPO，2021. https://gd. eppo. int/.

[4] 黄可辉，郭琼霞. 水稻茎线虫风险分析[J]. 福建稻麦科技，2003（4）：12-14.

[5] 戚龙君，宋绍秫，林茂松. 水稻茎线虫检疫鉴定方法：SN/T 1136—2002[M]. 北京：中国标准出版社，2002.

[6] BRIDGE J，LUC M，PLOWRIGHT R A，et al. Nematode parasites of rice[M]. Plant Parasitic Nematodes in Subtropical and Tropical Agriculture. 2nd eds.Wallingford，UK：CABI，2005：87-130.

[7] 黄文坤，彭德良. 水稻线虫病害的发生与综合治理[M]. 北京：中国农业科学技术出版社，2018.

[8] 王峰，王志英，刘雪峰. 8种检疫线虫传入黑龙江的风险评估[J]. 中国农学通报，2007，23（1）：351-354.

[9] 洪霓，高必达. 植物病害检疫学[M]. 北京：科学出版社，2005.

[10] USDA（U. S. Department of Agriculture，Animal Plant

Health Inspection Service，Plant Protection and Quarantine）. New Pest Response Guidelines：*Ditylenchus angustus*（Butler）Filipjev；Rice Stem or Ufra Nematode[EB/OL]. Washington，D. C. Government Printing Office，2011.

[11] 刘树芳，董丽英，李迅东，等. 水稻茎线虫病研究进展[J]. 生物安全学报，2016，25（3）：229-232.

[12] KYNDT T，FERNANDEZ D，GHEYSEN G. Plant-parasitic nematode infections in rice：molecular and cellular insights[J]. Annual review of Phytopathology，2014，52（1）：135-153.

[13] ALI M R，KONDO E，ISHIBASHI N. Effect of temperature on the development and reproduction of *Ditylenchus angustus* on fungal mat of Botrytis cinere[J]. Nematological Research（Japanese Journal of Nematology），1997，27（1）：7-13.

[14] HASHIOKA Y. The rice stem nematode *Ditylenchus angustus* in Thailand[J]. FAO Plant Protection Bulletin，1963，11（5）：97-102.

[15] COX P G，RAHMAN L. The overwinter decay of *Ditylenchu angustus*[J]. International rice research Newsletter，1979，4（5）：14.

[16] COX P G，RAHMAN L. Effects of ufra disease on yield loss of deepwater rice in Bangladesh[J]. Tropical Pest Management，1980，26（4）：410-415.

[17] CUC N T T，KINH D N. Rice stem nematode disease in Vietnam[J]. International Rice Research Newsletter，1981，6（6）：14-15.

[18] ALI M R，FUKUTOKU Y，ISHIBASHI N. Effect of *Ditylenchus angustus* on the growth of rice plants[J]. Nematological Research（Japanese Journal of Nematology），1997，27（2）：52-66.

[19] 刘维志. 中国检疫性植物线虫[M]. 北京：中国农业科学技术出版社，2004：154-164.

[20] 葛建军. 中国进境植物检疫性有害生物：线虫卷[M]. 北京：中国农业出版社，2018：5-8.

[21] CHAKRABORTI S. An integrated approach to managing rice stem nematodes[J]. International Rice Research Notes，2000，25（1）：16-17.

[22] KHANAM S，BAUTERS L，SINGH R R，et al. Mechanisms of resistance in the rice cultivar Manikpukha to the rice stem nematode *Ditylenchus angustus*[J]. Molecular Plant Pathology，2018，19（6）：1391-1402.

[23] LATIF M A，ULLAH M W，RAFII M Y，et al. Management of ufra disease of rice caused by *Ditylenchus angustus* with nematicides and resistance[J]. African Journal of Microbiology Research，2011，5（13）：1660-1667.

[24] LATIF M A，YUSOP M R，MIAH G，et al. Chemical control of ufra disease of rice：a simple profitability analysis[J]. Journal of Food，Agriculture & Environment，2013，11（2）：716-720.

（撰稿人：龙海波，刘万学）

第七章

长尾茎线虫
（*Ditylenchus longicauda* Filipjev）

一、分类地位

线虫门Nematoda

色矛纲Chromadorea

小杆目Rhabditida

粒线虫科Anguinidae

茎线虫属*Ditylenchus*

二、英文名

long tail stem nematode。

三、中文名

长尾茎线虫。

四、起源、来源、原产地和世界其他国家和地区的分布情况

长尾茎线虫首先报道于韩国[1，2]（庆山北道等地），波兰[3]、土耳其[4]（阿德亚曼省）、罗马尼亚[5]等国家或地区也有报道，我国国内仅辽宁省开原市有发生报道[6，7]。

五、入侵中国的最早记录或发现时间

2006年颜秀娟等于辽宁省的植物根际土壤中分离并鉴定到长尾茎线虫，为国内首次发现[6, 7]。

六、传播扩散途径和方式

长尾茎线虫主动迁移能力有限，人类活动是该线虫长距离传播的唯一途径，跨境种苗调运往往容易导致该线虫传播至一个新的国家或地区。此外，农机具、雨水、灌溉水、鞋底沾带及大风等是区域内近距离传播扩散的主要因素。

七、在中国的发生分布情况

1. 我国目前的实际发生分布情况

该线虫目前仅在我国辽宁省开原市有发生报道[6, 7]。

2. 适生性分布

暂无报道。

八、发生及为害特性

1. 发生与为害

大麦、水稻是长尾茎线虫已知寄主[4]，此外花椰菜、黄花菜等根际土壤中均分离到该种线虫[2]，可能为其潜在寄主。长尾茎线虫主要在植物根际土壤中营外寄生，在植物根系皮层组织，甚至中柱薄壁组织部位取食，取食一定时间后离开根系，寻找新的侵染位点。潮湿透气性好的田块中易于发病。

2. 生物生态学特性

长尾茎线虫虫体发育不具两型现象，通过两性生殖的方式进行繁殖[1]。

3. 主要形态特征与症状识别

（1）形态特征

雌虫：身体直或微弯；侧区6条侧线；头区无环纹，5 ~ 6 μm宽；口针纤细，长度为7.5 ~ 8.1 μm，锥部大约为口针长的1/3，基部球圆或稍向后倾斜；中食道球肌肉质，卵圆形；狭部细长，神经环围绕狭部；食道腺与肠平截，长为105.0 ~ 116.6 μm；阴门到头端的距离占整个虫体75% ~ 79%；后阴子宫囊长度为阴门处虫体宽1.2 ~ 2.1倍，为肛阴距24% ~ 34%；尾较长，长度为81.8 ~ 99.6 μm，是肛门处虫体宽的6.0 ~ 7.3倍，后部圆柱状，末端钝圆到尖（图7-1）。

雌性生殖系统具所有茎线虫的特征：后部阴门宽12 ~ 14 μm，单一，横向开口；阴道具内附生体；后阴子宫囊长32 ~ 45 μm（阴门处体宽1.4 ~ 1.8 μm）；前阴子宫囊前侧与括约肌、四柱体子宫细胞、细长的成行精囊、输卵管以及卵巢相连接［GI=（59.7 ± 8.5）%］。卵大小：长57 ~ 73 μm，宽19 ~ 24 μm（图7-1）。

尾部细长圆锥形；逐渐变细直至多样的尖端（尖，略微圆形），且表现各种各样的弯曲（大多数朝向背部）。

雄虫：（副模，n=4）各测量值为体长（1.06 ± 0.04）mm；体长/最大体宽（53.5 ± 7.8）μm；体长/体前端至食道与肠连接处距离（7.5 ± 0.9）μm；体长/尾长（7.9 ± 0.5）μm；体长/肛门处体宽（9.5 ± 0.5）μm；泄殖腔口至精巢末端距离/体长（55.8 ± 8.3）%；口针9.5 ~ 10 μm；头端至排泄孔距离（142.7 ± 12.1）μm；中食道球占食道比40.8 ± 1.1；尾长（133.8 ± 6.3）μm；交合刺19 ~ 23 μm；引带7 ~ 8 μm。

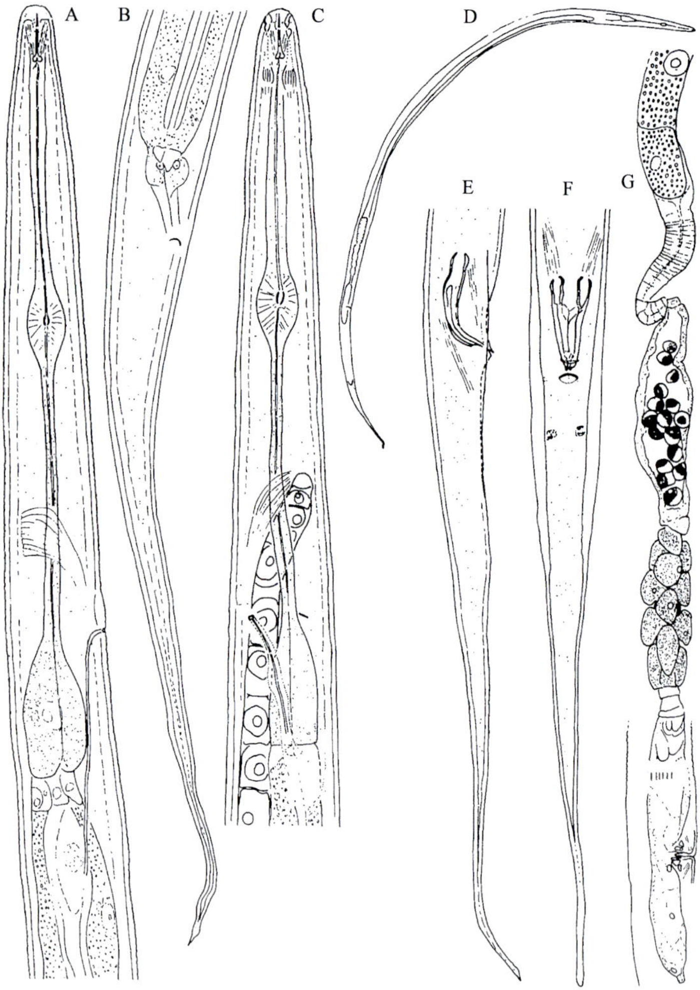

A：虫体侧面观；B：雌虫尾部侧腹面观（图中显示出弓形直肠开口）；C：虫体侧背面观（图中显示出硬化的凹陷、邻近狭部的卵巢尖端、排泄统、颈咽）；D：雌虫整体观；E，F：雄虫，虫体后部区域，E：侧面观，F：腹面观（尾部向腹面弯曲）；G：雌虫生殖系统（图中显示出侧区和环带）。

图7-1　长尾茎线虫形态墨线图[1]

雄性生殖系统：交合刺短，宽，弯曲；相对较大，末端开口；引带为典型垫刃，弯曲，位于体宽中部；泄殖腔瓣唇略突出，前瓣唇尖。交合伞突出部分不超过泄殖腔瓣唇宽；交合伞自交合刺前端开始，延伸至泄殖腔后，长约2倍泄殖腔体宽（总长度51～68 μm）。泄殖腔孔向后弯曲，孔状[1]。

（2）症状识别

无。

4. 线虫的快速分子检测方法

暂无报道。

九、防控措施

1. 种子处理

该线虫目前无已知抗病品种，可采用杀线剂进行种子处理，切断线虫的有效传播途径，培育无病壮苗对线虫防治非常有效。

2. 农业防治

增施有机肥，补施钾肥，提高寄主植物的抗性和耐性；增强根系发育强度和根表组织韧性，可抵御线虫侵染。生产过程中发现病株应及时将整株全部挖出，集中销毁，对病株残体及其地边杂草等集中深埋或烧毁，以减少土壤线虫的数量。

3. 化学防治

化学杀线剂可以使用噻唑膦和氟吡菌酰胺等，同时也可以采用阿维菌素、甲维盐，以及淡紫拟青霉、芽孢杆菌等活生防菌制剂，进行沟施或穴施防治土壤中的长尾茎线虫。

参考文献

[1] GERAERT E，CHOI Y E. *Ditylenchus longicauda* sp. n. a primitive Ditylenchus[J]. Revue de Nematologie，1988，11：289–293.

[2] CHOI Y E，PARK S B，SONG C，et al. Nematodes associated with rice in Korea. Ⅲ. Survey on nematode species and distribution associated with rice[J]. Korean Journal of Applied Entomology，1989，28（3）：120–145.

[3] BRZESKI M W. Review of the genus *Ditylenchus* Filipjev，1936（Nematoda：Anguinidae）[J]. Revue de Nematologie，1991，14（1）：36–37.

[4] KASAPOĞLU U E，YILDIZ Ş，İMREN M，et al. Occurrence of plant parasitic nematode species in important crops in the Southeast Anatolia Region of Turkey[J]. Turkish Journal of Entomology，2018，42（1）：63–74.

[5] DOBRIN I，GERAERT E. Some Tylenchida from Romania（Nematoda）[J]. Biologisch Jaarboek（Dodonaea），1994，62：121–137.

[6] 颜秀娟. 中国粒科线虫分类[D]. 沈阳：沈阳农业大学，2016.

[7] 颜秀娟，姚丽颖，李明姝，等. 茎属线虫中国1新纪录种描述[J]. 东北农业科学，2017，42（5）：48–50.

（撰稿人：王暄，黄文坤）

第八章

剪股颖粒线虫

[*Anguina agrostis*（Steinbuch）Filipjev]

一、分类地位

线虫门Nematoda

色矛纲Chromadorea

小杆目Rhabditida

粒线虫科Anguinidae

粒线虫属*Anguina*

二、英文名

bent grasses nematode。

三、中文名

剪股颖粒线虫。

四、起源、来源、原产地和世界其他国家和地区的分布情况

剪股颖粒线虫是牧草和草坪草上十分重要的一种病原线虫。Steinbuch[1]报道了剪股颖粒线虫。目前，剪股颖粒线虫在英国、德国、法国、芬兰、波兰、瑞典、荷兰、挪威、丹麦、捷克、斯洛伐克、俄罗斯、乌克兰、爱沙尼亚、格鲁吉亚、南非、澳大利亚、新

西兰、美国、加拿大、日本等地均有发生分布[2，3]。在美国、新西兰、南非等地区发生为害严重。

五、入侵中国的最早记录或发现时间

1987年曾在我国内蒙古羊草*Leymus chinensis*上有发生报道，病原镜检为疑似剪股颖粒线虫，但该结果未经进一步的试验证实[4]。

六、传播扩散途径和方式

剪股颖粒线虫主要通过病种子和植物病残体传播。传播过程中一般以虫瘿形式存在，每个虫瘿内一般有雌雄虫各1～3条，交配后每条雌虫在2周内可产卵1 000余粒[5]。病害的远距离传播主要借助于病种子的调运，而中、近距离传播主要通过黏附在农机具、衣物、鞋靴等物体上的虫瘿传播。此外，大风、雨水及鸟类的活动等也可导致该病原物的扩散[2]。

七、在中国的发生分布情况

1. 我国目前的实际发生分布情况

1987年，顾秀珍等在我国内蒙古羊草上有报道发生剪股颖粒线虫，但未经进一步试验证实[4]。此后，曾多次在我国进境草籽中截获该线虫。1997年，深圳检验检疫局在美国进口弯叶画眉草籽中全国首次截获剪股颖粒线虫[3]。1997年，天津检验检疫局连续2次在来自美国俄勒冈州的剪股颖草籽中截获该线虫[6]。1998年，广州口岸从美国进口弯叶画眉草籽中截获该线虫[7]。2003年，天津检验检疫局在进境的草种子中再次截获剪股颖粒线虫[8]。2017—2018年，上海口岸先后2次分别在进境草籽中截获该线虫[9，10]。

2. 适生性分布

剪股颖粒线虫适合在温和的环境条件下生活，主要分布在温带地区，适合在我国绝大多数草坪草和牧草生长的地区繁衍。

八、发生及为害特性

1. 发生与为害

剪股颖粒线虫主要为害寄主植物的花序，致使病株的种子和地上部产量下降。在俄罗斯的细弱剪股颖种植场，该线虫株侵染率达44%～98%，病株总体生长量仅为健株的14%～33%；在美国俄勒冈州，该线虫曾为害该州剪股颖导致其种子产量下降了50%～70%[2]。此外，剪股颖粒线虫是拉氏棒杆细菌*Corynebacterium rathayi*的传播和侵染介体，与拉氏棒杆细菌协同作用，在寄主植物的颖果上形成黄色的菌瘿，该菌瘿对动物有高度的毒性，可导致牛、羊、马等动物的神经紊乱，动物误食后中毒可晕倒，最后抽搐死亡。因此，该线虫对牧场草的威胁极大。

剪股颖粒线虫主要寄生于剪股颖属草类，如丝状剪股颖、柔毛剪股颖等以及其他禾本科牧草、草坪草和杂草，如野牛草、羊茅、紫羊茅、芒颖大麦草、黑麦草、假梯牧草、高原早熟禾、早熟禾等[11]。

2. 生物生态学特性

剪股颖粒线虫完整生活史须经卵、幼虫和成虫三个阶段，与小麦粒线虫*Anguina tritici*十分相似，因此适生性环境范围十分宽广。剪股颖粒线虫，一龄幼虫在卵内蜕一次皮成为二龄幼虫后才孵化出卵（这一点与小麦粒线虫不同）。在田间，虫瘿遇水软化破裂，二龄幼虫逸出（图8-1）；二龄幼虫在秋、冬季，以外寄生方式在寄主植物的生长点附近取食；春季进入幼花组织，在发育中的胚珠上取食；经过3次蜕皮后发育成成虫。被为害的花发育受阻，子房遭破坏形成虫瘿，成虫在其内休眠越夏从而又开始新一轮侵染循环。剪股颖粒线虫一年发生一代，完成一个生活史一般需3～4周，若幼虫不能在1年内到达寄主花序，就会死亡[2，5]。

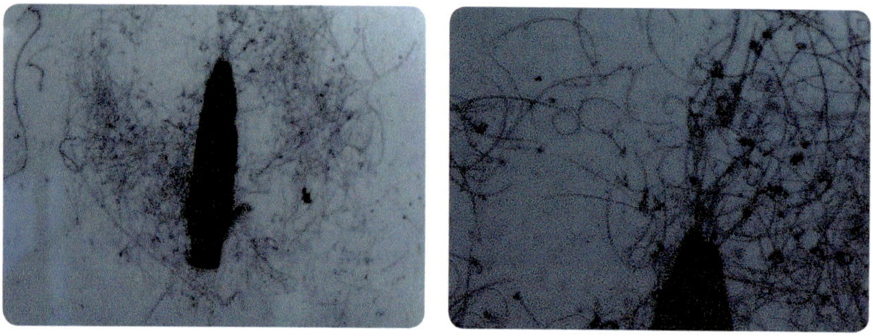

图8-1　剪股颖粒线虫虫瘿及逸出的二龄线虫[12]

3. 主要形态特征与症状识别

剪股颖粒线虫雌虫虫体肥大，热杀死后虫体向腹面卷曲成螺旋形；唇区低平，有明显的缢缩；角质膜表面有细的环纹，在成虫虫体上难以观察到侧带区；垫刃型食道，食道前体圆柱形，中部略膨大，与中食道球连接处略有缢缩，狭部短而窄，有时受生殖腺的压力而有折叠；食道腺呈梨形，无明显分叶，末端最多可略微覆盖肠的前端；卵巢常曲折2～3次，卵母细胞呈轴状排列；受精囊长梨形，末端与输卵管连接处稍缢缩分开，子宫内可多个卵同时存在；后阴子宫囊长度为阴门—肛门距离的一半，其内充满精子；尾短，呈锥形，末端尖锐。雄虫虫体比雌虫细小，热杀死后一般呈弓形，有时近直形；精巢常回折1次，精母细胞呈轴状排列；交合刺成对，呈弧钩状，引带细线形，交合伞亚端生，尾端尖锐。二龄幼虫（图8-2），除生殖系统未发育和虫体较小外，其余形态结构与成虫相似[2, 5]。

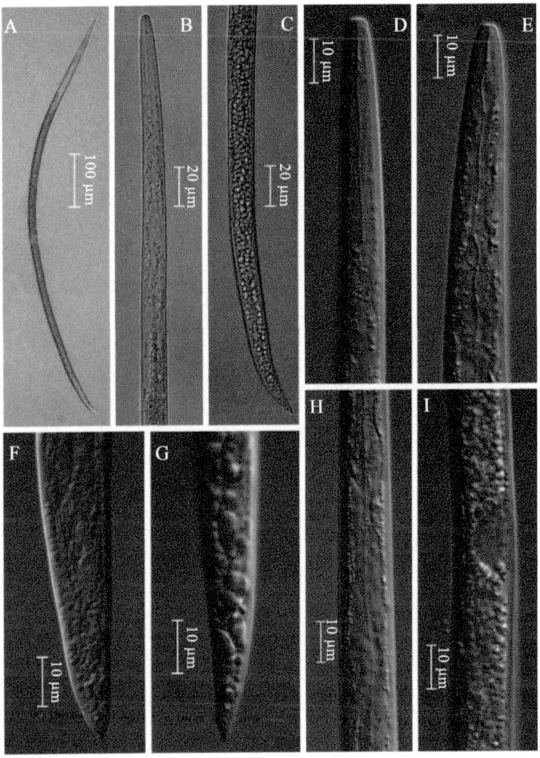

A：整体；B：体前部；C：体后部；D，E：头部及食道腺；F，G：尾部；H：食道腺；I：生殖原基。

图8-2　剪股颖粒线虫二龄幼虫显微照片[12]

剪股颖粒线虫侵染剪股颖等寄主植物后，在幼苗期无明显症状，但对花序的影响是很显著的。一般以虫瘿形式存在，形成虫瘿的花的颖片长度是正常颖片的2～3倍，外稃是正常的5～8倍，内稃约为正常的4倍，紧紧地包裹着雪茄状的虫瘿（图8-3）。虫瘿开始形成时绿色，后变为黑褐色，长4 ~ 5 mm，而正常的颖果长度约为1 mm（图8-3）。被线虫寄生的寄主植物，其花上的浆片、花柱及其他部分的发育均受到抑制，严重影响了植物的种子和地上部产量[2, 5]。

图8-3　剪股颖粒线虫虫瘿（A）与正常细弱剪股颖种子（B）对照[12]

4. 线虫的快速分子检测方法

（1）特异性标记引物PCR扩增

上游引物AgrF：5′-CATTCTTACAGCCAATAGTCTG-3′。

下游引物AgrR：5′-TGACTCTA GCGGAGTATCG-3′。

PCR反应体系：10×PCR-缓冲液5 μL，氯化镁（25 mmol/L）4 μL，dNTP′s（2.5 mmol/L）2 μL，AgrF（10 μmol/L）2 μL，AgrR（10 μmol/L）2 μL，*Taq*酶（5 U/μL）0.4 μL，DNA模板8 μL，ddH_2O 26.6 μL，总体积50 μL。

扩增程序：94℃、4 min；94℃、40 s，58℃、40 s，72℃、90 s，40个循环；72℃、5 min；4℃保存；预期扩增产物片段大小为500 bp。

（2）LAMP-核酸试纸条检测法（表8-1）

表8-1 引物和探针序列

名称	序列（5′-3′）
F3	GACGAATTCATTCTTACAGCCA
B3	GCACCATATCTGGTACTCATTG
FIP（F1c+F2）	CTGCTAAGCGGTGGGGACG-AGTCTGAGAAGGTGCCCT
BIP（B1c+B2）	TCTCTGAGCAGTTGTATGCCTACG-CTCGCGATCACGAAGACC
LF-5F	6-FAM-CACCAGTAAGCAGCGTGC
LB-5B	Biotin-CTGCGTTGAAGAGAGACGG

LAMP反应体系配制按照Loopamp DNA扩增试剂盒进行操作。25 μL反应体系：2×Reaction Mix（RM）12.5 μL，外引物F3和B3（5 μmol/L）各1 μL，内引物FIP和BIP（40 μmol/L）各1 μL，环引物LF-5F和LB-5B（20 μmol/L）各1 μL，Bst DNA聚合酶1 μL，模板DNA2.5 μL，ddH_2O补足至25 μL。

反应条件：63℃恒温反应60 min，80℃灭活5 min结束反应。

LAMP反应结束后，PCR反应管不需开盖，直接放入一次性核酸检测装置（即核酸检测试纸条）中按要求操作，3～5 min后可进行结果判读。质控线（C线）与检测线（T线）均出现表明检测结果为阳性，只有质控线而无检测线则为阴性。

剪股颖粒线虫LAMP-核酸试纸条检测方法的最低检测限为3.15 ng，对单条二龄幼虫检测灵敏度为1/400条线虫[12]。

九、防控措施

1. 植物检疫

检疫检验和处理是防治重大检疫性种传线虫病害的关键技术。对来自剪股颖粒线虫疫区国家的牧草或草皮种子，严格实行隔离检疫检验，一旦发现剪股颖粒线虫，立即销毁，严格限制剪股颖粒线虫传入我国[13]。

2. 农业防治

目前生产上种植的剪股颖多为感病品种，因此通过种植抗病品种防治剪股颖粒线虫难以实现。休耕与轮作可以使剪股颖粒线虫失去寄主，无法完成生活史，可达到较好的防治效果，然而虫瘿的抗逆性较强，短期的轮作和休耕并不能有效根除该线虫。通过深耕翻土使草皮翻转完全埋入地下或使用适当除草剂抑制植物开花也能取得很好的防治效果[5]；同时，加强田间卫生，注意清除农机具等黏附的虫瘿，可以防止病害的近距离扩散。

3. 种子处理

用热水处理罹病种子可以收到良好的防治效果。将种子在24℃的温水中预浸泡2 h，然后用52℃热水处理15 min可有效杀死剪股颖粒线虫[5]。

参考文献

［1］ STEINBUCH J G. Das Grasalchen，Vibrio agrostis[J]. Naturforscher，1799，28：233-259.

［2］ 葛建军. 剪股颖粒线虫[J]. 中国进出境动植检，1997（3）：36-37.

［3］ 叶为民，陈燕群，罗辉，等. 进口画眉草籽中首次截获剪股颖粒线虫[J]. 植物病理学报，1998（3）：3-5.

［4］ 顾秀珍，马鹤林. 内蒙古发现羊草粒线虫病[J]. 植物保护，1987（1）：50.

［5］ 沈培垠，李红梅，陈品三. 剪股颖粒线虫[J]. 植物检疫，1994（6）：349-352.

［6］ 马以桂，高崇省. 天津局连续两次截获剪股颖粒线虫[J]. 植物检疫，1997（5）：5.

［7］ 钟国强，郭权，黎锦荣，等. 广州口岸进境检疫截获的几种重要检疫性线虫[J]. 云南农业大学学报，1999（S1）：42-46.

［8］ 王晨. 从进境草籽中截获剪股颖粒线虫的体会[J]. 现代园艺，2019（11）：209.

［9］ 宋绍祎，俞禄珍，张博文，等. 美国剪股颖种子中剪股颖粒线虫的检疫鉴定[J]. 植物检疫，2019，33（1）：39-43.

［10］ 钟国强，司徒保禄，张传飞，等. 进口草籽的病害风险和预防病害传入对策[J]. 热带农业科学，2003（2）：49-52，74.

［11］ 彭德良. 种传线虫病及其治理措施[J]. 中国农业大学学报，

1998（S1）：93–96.

[12] 俞禄珍，张博文，焦彬彬，等. 剪股颖粒线虫环介导等温扩增检测技术研究[J]. 植物检疫，2019，33（5）：27–31.

[13] 马以桂，王洪宾. 加强进境草籽检疫谨防剪股颖粒线虫传入[J]. 天津农林科技，1998（2）：27.

（撰稿人：崔江宽，芮凯）

第九章

菊花叶枯线虫

（*Aphelenchoides ritzemabosi* Fischer）

一、分类地位

线虫门Nematoda

色矛纲Chromadorea

小杆目Rhabditida

滑刃科Aphelenchoididae

滑刃属*Aphelenchoides*

二、英文名

chrysanthemum foliar eelworm；chrysanthemum foliar nematode；leaf and bud nematode；leaf wilt nematode of chrysanthemum。

三、中文名

菊花叶枯线虫、菊花滑刃线虫。

四、起源、来源、原产地和世界其他国家和地区的分布情况

首次由Halstead于1890年在美国新泽西州的菊花地上部分发现，接着在英国观察到，随后欧洲国家菊花上普遍存在（表9-1）。

表9-1　菊花叶枯线虫分布情况

大陆/国家/地区		分布	寄主	参考文献
非洲	毛里求斯	存在		[14，26]
	南非	广泛存在	百日菊	[14，16，33]
亚洲	中国	局部地区存在，贵州广泛存在	菊花	[3，14，16]
	印度	局部地区存在	烟草、秋分草、圆叶牵牛、紫菀、百日菊、一串红、菊花、大丽花	[7，14，16，17，20]
	伊朗	存在		[15，16]
	日本	局部地区存在		[14，16，21]
	哈萨克斯坦	局部地区存在		[14，16]
	韩国	局部地区存在		[14，16]
	乌兹别克斯坦	局部地区存在		[14，19]
欧洲	保加利亚	局部地区存在	菊花	[14，16]
	克罗地亚	局部地区存在	菊花	[27]
	丹麦	曾经有报道，现在消失	草莓、鸟巢蕨、荚囊蕨、秋分草等	[8，14，16，18，23]
	德国	局部地区存在	草莓、翠菊	[9，13，14，16]
	乌拉圭	局部地区存在	菊花	[14，16]
	爱尔兰	局部地区存在	菊花	[14，16]
	意大利	局部地区存在	菊花、水仙花、草莓、罗勒、大丽花等	[14，16，22，32]
	拉脱维亚	局部地区存在	菊花	[14，16]
	荷兰	局部地区存在	菊花	[14，16]
	波兰	局部地区存在	菊花、大丽花、草莓	[14，16，31]

（续表）

大陆/国家/地区		分布	寄主	参考文献
欧洲	葡萄牙	局部地区存在		[14，16]
	马德拉群岛	局部地区存在	蓝蓟、酸模	[14，16，30]
	俄罗斯	局部地区存在		[14，16]
	塞尔维亚	局部地区存在		[14，16]
	斯洛文利亚	局部地区存在		[14，16]
	西班牙	局部地区		[14，16]
	加那利群岛	广泛存在	酸模、天竺葵	[14，16，30]
	瑞士	局部地区存在	草莓	[14，16]
	乌克兰	局部地区存在	草莓	[14，16]
	英国	局部地区存在	草莓、黑加仑、大丽花、薰衣草、翠菊、香葱、高山韭、醉鱼草属、露薇花、岩白菜等	[14，16，24，28]
北美洲	美国	局部地区（加利福尼亚、科罗拉多、佛罗里达、怀俄明）存在	紫花苜蓿、干豆、大岩桐、花腰豆、非洲紫罗兰、西瓜、醋栗、草胡椒、羽扇豆、大丽花、烟草等	[14，16，29]
	墨西哥	广泛存在	草莓	[14，16]
	古巴	局部地区存在		[14，16]
大洋洲	斐济	局部地区存在		[14，16]
	新西兰	局部地区存在	红加仑、博伊森莓、大丽花、翠菀、塔钟花、圣诞玫瑰、朱瑾、西番莲、毛茛、耧斗菜、百脉根、番茄、商陆等	[10，11，14，16]

（续表）

大陆/国家/地区		分布	寄主	参考文献
南美洲	巴西	局部地区存在	勿忘我	[14，16]
	智利	局部地区存在		[12，14，16]
	委内瑞拉	局部地区存在		[14，16，25]

五、入侵中国的最早记录或发现时间

我国最早于1990年在贵州地区出现[3]。2006年菊花叶枯线虫被列为全国农业植物检疫性有害生物[2，5]。

六、传播扩散途径和方式

菊花叶枯线虫以成虫或幼虫在受病叶片内越冬，当叶片上有水时，线虫大量游出，通过雨水或人工浇水，把线虫传播到其他植株或被水流冲到地面，再移至叶片上，从叶片气孔侵入，在薄壁组织取食。

借助气流、雨水、泥土及苗木运输进行传播；人为传播主要通过人为调运带病的扦头和病苗、鲜切花等作远距离传播。

七、在中国的发生分布情况

1. 我国目前的实际发生分布情况

在我国，菊花叶枯线虫仅在部分地区发生，如贵州、四川、广东、广西、福建、江西、河南、云南、上海、江苏、浙江、安徽、台湾等地。

2. 适生性分布

在适生性方面，菊花叶枯线虫只要温度和湿度适宜，全年都可繁殖，在足够的湿度和22～25℃适温范围内，整个发育阶段都有活动性，若天气潮湿，植株叶片有水滴时，更加活跃。该线虫大多以休眠或脱水状态存在于植物组织及植物残体中，当生长条件适宜时再度展现活力，侵入叶气孔或表皮，进行为害。此外，该线虫为兼性内外寄生，在菊叶上先是外寄生，继之侵入叶片行内寄生。据试验证明，该线虫在干枯的菊花叶片里可存活达2年之久，具有极强的适应性和抗逆性。

八、发生及为害特性

1. 发生与为害

可为害各类观赏植物、小果类植物、杂草和蕨类植物，其中包括菊属*Chrysanthemum* spp.、银莲花属*Anemonae* spp.、秋海棠属*Begonia* spp.、樱草属*Primula* spp.、毛茛属*Ranunculus* spp.、锦紫苏属*Colens* spp.、小果草属*Microcarpaea* spp.、微果草属*Microcaryum* spp.、草莓属*Fragaria* spp.、番茄属*Lycopersicon* spp.、石蒜属*Lycoris* spp.、茄属*Solanum* spp.、花葱属*Polemonicum* spp.、罂粟属*Papaver* spp.、虎耳草属*Saxifraga* spp.、千里光属*Senecio* spp.、百脉根属*Lotus* spp.、商陆属*Ptytolacca* spp.、红胶木属*Tristania* spp. 等总计200多种。

菊花叶枯线虫主要在植物的叶片脉间取食，使叶片在脉间形成黄褐色角斑或扇形斑，病斑慢慢发展为深褐色，最后枯死，枯死叶片下垂不脱落。花和芽受害时则畸形、变小或者不能开花、枯死，表面有褐色伤痕。若幼苗末梢生长点被侵染为害时，植株生长发育受阻，为害严重的造成死亡。菊花叶枯线虫为害菊花时，根据其叶片大小其为害症状不同，菊花叶枯线虫外寄生取食菊花，造成菊花生长发育迟缓，空气湿度较大时，叶片斑点处呈半透明状或水渍状，其为害叶片时多数沿叶脉形成明显的角状或扇形病斑[6]。

2. 生物生态学特性

菊花叶枯线虫的发育阶段主要分为3个阶段：成虫、幼虫和卵[1, 5]，该线虫的生长、发育、繁殖和致病都需要较高的湿度。在冬季，菊花叶枯线虫以成虫在被害植物的病叶、残体、干燥的植物种子或其他菊科植物上越冬，具有较强的抗逆性，在冷库中贮存3年后的部分线虫仍可继续存活；且在干燥条件下，有95%的四龄幼虫和成虫可以存活。菊花叶枯线虫可以用菊花、拟南芥、烟草愈伤组织、苜蓿愈伤组织及丝核菌等材料进行人工培养。

3. 主要形态特征与症状识别

（1）形态特征

根据中华人民共和国出入境检验检疫行业标准SN/T 1386—2004《进出境切花检疫规程》[4, 6]，菊花叶枯线虫的形态学鉴定特征主要如下。

1）雌虫体长770～1 200 μm，a=40～45、b=10～13、c=18～24、V=66%～75%；雄虫体长700～930 μm，a=31～50、b=10～14、c=16～30、T=35～64。

2）雌虫体较细，长770～1 200 μm。体表环纹宽0.9～1.0 μm，明显。侧躯宽为体宽的1/6～1/5，有4条侧线。唇区半球形，缢缩，唇区比相连的虫体稍宽，光学显微镜下，唇区未见环纹；头部骨架六基数，稍骨化。口针长约12 μm，口针基部球小而明显，口针锥体部急剧变尖。食道腺体部细。中食道球很大，略呈卵形，肌肉发达，内部有突出的角质加厚的背食道腺和亚腹食道腺的开口。神经环在中食道球后1.5个体宽度处。排泄孔在神经环后0.5～2个体宽度处。三裂食道腺形成1个裂片，延伸约4个体宽度，从背面覆盖肠。食道腺在中食道球后8 μm处与肠相连，交接不明显，无瓣门。肠内充满球形小颗粒，从头到尾有1个明显的腔。阴门稍突出，横裂。后阴子宫囊超过肛阴距的1/2，通常充满精子；卵巢单个，向前伸展。卵母细胞多行排列。雌虫尾部长圆锥形，末端有尾尖突，其上有2～4个小尖突，形成刷状结构（图9-1，图9-2）。

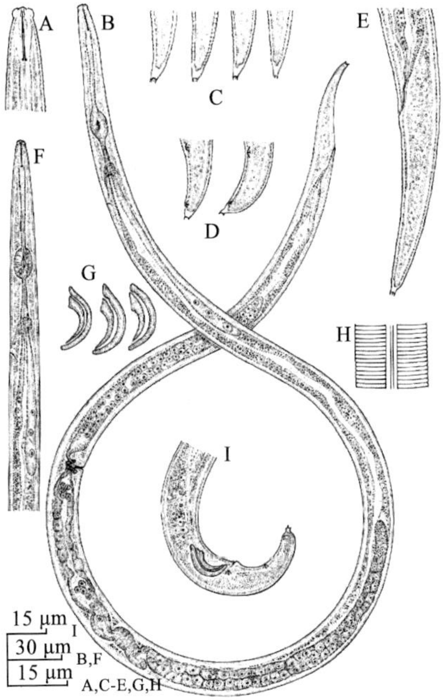

A：雌虫顶端；B：雌虫；C：雌虫尾端；D：雄虫尾部；
E：雌虫尾部；F：雌虫食道腺；G：交合刺；H：侧区；I：雄虫尾部。

图9-1　菊花叶枯线虫

3）雄虫放松时体后部通常呈180°。唇区、口针和食道腺与雌虫相似。精巢单个，伸展。有3对腹面向亚中尾乳突。第1对在肛门区，第2对在尾的中部，第3对接近于尾的末端。交合刺顶部和喙部不明显，平滑，弯曲，梅花刺形，背弓长20 ~ 22 μm。尾尖突2 ~ 4个，形状多样（图9-1，图9-2）。

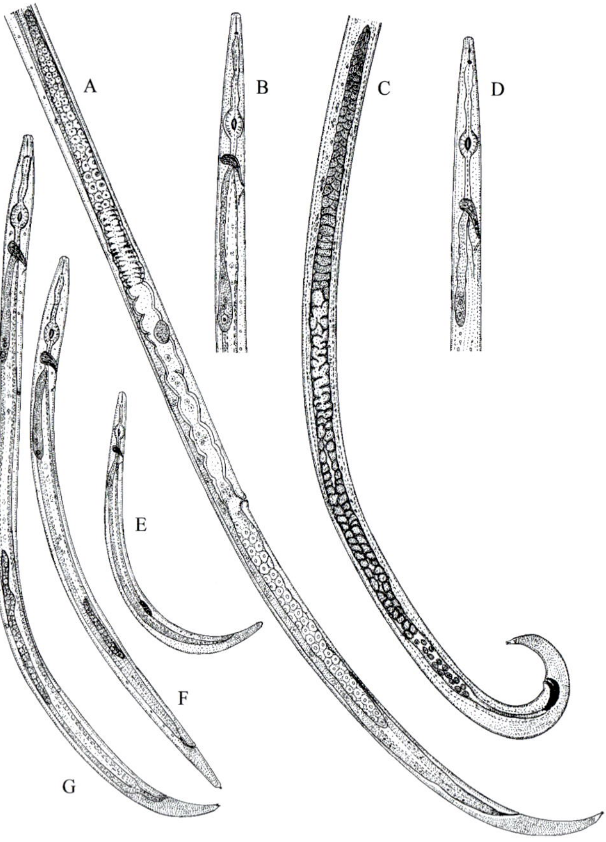

A ~ B：雌虫体后部和前部；C ~ D：雄虫体后部和前部；
E ~ G：二龄、三龄和四龄线虫。

图9-2　菊花叶枯线虫*Aphelenchoides ritzemabosi*

（图片来源http://nemaplex.ucdavis.edu/Taxadata/G011s3.aspx）

（2）症状识别（图9-3～图9-7）

图9-3　菊花发病症状

（来源于网络Penn State Department of Plant Pathology & Environ-mental Microbiology Archives，Penn State University，Bugwood.org）

图9-4　罗勒发病症状

（来源于网络 Andrea Minuto-Centro di Saggio e Laboratorio Fitopatologico，CERSAA，Albenga）

图9-5　烟草发病症状

（来源于网络http://ephytia.inra.fr/en/C/10926/Tobacco-Aphelenchoides-ritzemabosi）

图9-6　蕨类植物发病症状

（来源于网络J. Ole Becker, Antoon T. Ploeg and Jennifer Smith Becker from UC Riverside，USA）

图9-7　百合发病症状

（来源于网络J. Ole Becker，Antoon T. Ploeg and Jennifer Smith Becker from UC Riverside，USA）

4. 线虫的快速分子检测方法

（1）特异性标记引物

菊花叶枯线虫特异LAMP引物R81t目标条带大小为250 bp（表9-2）。

表9-2　引物和探针序列

名称	序列（5′-3′）
F3	TGTTGAACCGTTCGGGGT
B3	TGTTTCAGCCGACAAAACCA
FIP	AGGACGCAAGTCGAACGGCCGAAAGGGCGTCACTCG
BIP	GTGCTCAAGGCGTGTCTTAGGAGCCGCAACCTTGTTCCA
LF	GCGCAAACACGCAAAATACC

（2）反应体系

参照NEB公司bst聚合酶2.0warmstart说明书，采用25 μL体系进行初始反应，反应时间为60 min（表9-3）。

表9-3　反应体系

试剂	体积（μL）
10×Thermopol Buffer	2.5
F3/B3（25×）	1
FIP/BIP（25×）	1
LB/LF（25×）	1
dNTPs（10 mmol/L）	6
$MgSO_4$（100 mmol/L）	1.5
Bst DNA聚合酶2.0warmstart（8 U/μL）	1
模板DNA	1
钙黄绿素染料	4
甜菜碱	4
ddH_2O	补齐至25 μL

注：引物25倍混合液包括40 μm FIP、40 μm BIP、5 μm F3、5 μm B3、10 μm LB和10 μm LF。

九、防控措施

1. 植物检疫

菊花叶枯线虫属于我国进出境植物检疫性有害生物，加强检疫，严禁携带虫的植株或者土壤进入无病区，不能从疫区调运寄主植物以及相关材料，发生疫情时，要及时铲除病株并对土壤进行彻底消毒处理[1]。

2. 化学防治

菊花叶枯线虫侵染为害菊花嫩枝时，可以使用0.05%的碘液浸泡10 min，以达到有效的防治结果；在菊花生长期间发生侵染为害时，可向菊花植株喷施杀线剂。

3. 农业防治

选用种植不携带菊花叶枯线虫的种苗和母株，及时清除菊花枯枝和杂草。在保护地中，提前通过药剂熏蒸土壤，也能通过土壤休闲、作物轮作等减少田间菊花叶枯线虫的侵染为害[4]。

参考文献

［1］ 董燕，赵宇翔，陈小平. 菊花叶枯线虫风险管理对策研究. 2013，34（3）：57-60.

［2］ 李建中. 六种潜在外来入侵线虫在中国的适生性风险分析[D]. 吉林：吉林农业大学，2008.

［3］ 李永顺，张平. 菊花叶枯线虫病在贵州的发生情况[J]. 植物保护，1992：2.

［4］ 刘维志. 植物病原线虫学[M]. 北京：中国农业出版社，2003.

［5］ 谢辉. 菊花叶枯线虫及其检测和防疫方法[J]. 植物检疫，2007，21（3）：190-192.

［6］ 尹淦镠. 菊花叶枯线虫[J]. 植物检疫，1988，2（4）：297-299.

［7］ AHMAD S T. Host records or parasitic leaf nematodes[J].

Indian Phytopathology，1971，24（2）：413.

[8] ANDERSSON S. Bladnematoder orsakar miljonforluster for den svenska jordgubbodlingen varje ar[M]. In：Barodlaren，1969：16–22.

[9] BLANK W. Leaf-and stem nematodes in strawberries-a serious problem[J]. Mitteilungen des Obstbauversuchsringes des Alten Landes，1985，40（6）：229–234.

[10] BOESEWINKEL H J. *Phytophthora hibernails* and *Aphelenchoides rizemabosi* on folige of *Aquilegia vulgaris* in New Zealand[J]. Australasian Plant Pathology，1980，9（2）：10–11.

[11] BOESEWINKEL H J. A list of 142 new plant disease recordings from New Zealand and short notes on three diseases[J]. Australasian Plant Pathology，1982，11（4）：40–42.

[12] BOHM SL，ARUTA MC. Identification of *Aphelenchoides rizemabosi*（Schwartz）Steiner and Buhrer（Aphelenchoidea：Aphelenchoididae）infestando plantas de Limonium sinuatum en Valdivia[J]. Agro sur，1985，13（2）：111–113.

[13] BURCKHARDT F. New observations on the presence of *Aphelenchoides* spp. in seed of Callistephus chinensis[J]. Nachrichtenblatt des Deutschen Pflanzenschutdienstes Braunschweig，1972，24（9）：132–133.

[14] CABI，EPPO. *Aphelenchoides rizemabosi* Disturbution Maps of Plant Disease[EB/OL]. Wallingford，UK：CABI international，2000，Map 808.

[15] DEIMI A M，BAROUTI S，RIUS JEP，et al. First report of the foliar nematode *Aphelenchoides rizemabosi* infecting chrysanthemum in Iran[J]. Plant Disease，2007，91（5）：637.

[16] EPPO. EPPO Global database[DS/OL]. In：EPPO Global database，Paris，France：EPPO，2020.

[17] GILL JS. Fighting the foliar nematode of chrysanthemum[J]. Indian Horticulture，1981，25（4）：21-22.

[18] JUHL V M. Liste over vaertplanter for bladnematoden *Aphelenchoides ritzemabosi*[J]. Ugeskr. F. Agron. Hort. Forst. Og. Lic，1978，123：183-186.

[19] KHAKIMOVA L. Parasitic nematodes of flowers[J]. Uzbekskii Biologichesii Zhurnal，1978（2）：64-67.

[20] KHAN ML，KAUR D，SHARMA NK. Taxonomic studies on *Aphelenchoides rizemabosi*（Nematoda，Aphelenchida）from India[J]. Nematologia Mediterranea，1987，15（2）：387-389.

[21] KOBAYASHI Y，SHOJI K，FUKAZAWA N，et al. Dwarf disease of chrysanthemum caused by *Aphelenchoides rizemabosi*（Schwarts，1911）Steiner[J]. Bulletin of the Shizuoka Agricultural Experiment Station，1971：71-82.

[22] LAMBERTI F，TACCONI R，MARINARI A，et al. Major plant parasitic nemades associated with flower crops in Italy and their control[J]. Difeas delle Piante，1987，10（1）：77-84.

[23] LINDHARDT K. Danske erfaringer med jordbaernematoder og ders bekampelse[J]. Barodlaren，1967，9（1）：23–27.

[24] MAFF. Eelworms on strawberry[EB/OL]. In：Britain. Advisory Leaflet No. 414，London，UK：Ministry of Agriculture，Fisherires and Food，1970.

[25] MEREDITH J A，YEPEZ T G. Presence of *Aphelenchoides rizemabosi*（Schwarts，1911）Steiner，1932 on a commercial planting of tuberose（*Polianthes tuberosa* L.）in Venezuela[J]. Nematropoca，1973，3（1）：28.

[26] ORIAN G. Une maladie de quelques plantes ornementales causée par un nématode foliare[J]. Rev. Agric. Sucr. Ile Maurice，1957，36：261–264.

[27] PAGLIARINI N C. Pests of chrysanthemums[J]. Glasilo Biljne Zastite，2006，6（5）：244–249.

[28] ROBERTS H. New or unusual host-plant records for plant-parasitic nematodes，1977-80[J]. Plant Pathology，1981，30（3）：182.

[29] STRIDER D L. Control of *Aphelenchoides ritzemabosi* in African violet[J]. Plant Disease Reporter，1979，63（5）：378–382.

[30] STURHAN D. Leaf and stem nematodes in the Azores，Madeira and the Canary Islands[J]. Agronomia Lusitana，1973，35（1）：21–26.

[31] SZCZYGIEL A. Wstępna ocena szkodliwości nicieni z rodzajn Aphelenchoides dla truskawek w poludniowej Polsce[J]. Pr.

Inst. Sadow，1967，11：211-224.

[32] VOVLAS N，LAMBERTI F. *Aphelenchoides* spp. on flower crops in southern Italy[J]. Nematologica Mediterranea，1973，1（2）：141-146.

[33] WAGER V A. Records of diseases of ornamental plants not previously reported in South Africa[EB/OL]. Technical Communication，Department of Agricultural Technical Services，Republic of South Africa，No. 100，1972.

（撰稿人：周冬梅、魏利辉）

第十章

松材线虫

[*Bursaphelenchus xylophilus*（Steiner & Bührer）Nickle]

一、分类地位

线虫门Nematoda

色矛纲Chromadorea

小杆目Rhabditida

滑刃科Aphelenchoididae

伞滑刃线虫属*Bursaphelenchus*

二、英文名

pine wood nematode。

三、中文名

松材线虫。

四、起源、来源、原产地和世界其他国家和地区的分布情况

松材线虫的原产地为北美[1]，其主要通过木质包装和材料跨国运输传入其他国家和地区，在传入地造成了极大的破坏。目前松材线虫导致的病害主要分布在北美洲的加拿大、美国和墨西哥，欧洲的法国、葡萄牙、西班牙，亚洲的日本、韩国、朝鲜和中国[2]。中

国最早于1982年在江苏省南京市首次发现松材线虫病[3]。在其后几十年中，又在安徽、山东、浙江、广东、湖北、湖南、香港、台湾等地相继爆发[4]，造成我国松林资源的严重破坏和不良的生态后果，经济损失巨大。

五、入侵中国的最早记录或发现时间

中国于1982年在江苏省南京市中山陵首次发现松材线虫病[3]。

六、传播扩散途径和方式

松材线虫主要依靠2种途径传播。

①通过媒介昆虫的飞行移动和取食行为从病树到健康树的近距离自然传播。

②借助货物运输（主要是出入境货物的木质包装材料的转运）并通过媒介天牛的携带，实现远距离蔓延的人为传播途径（图10-1）。

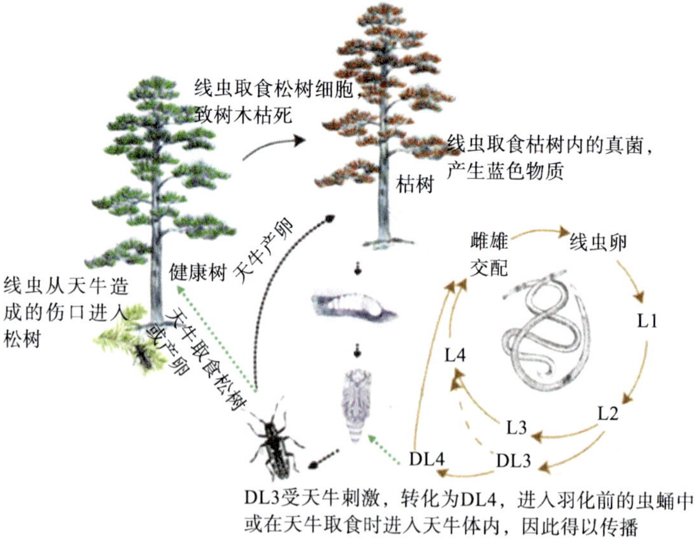

图10-1　松材线虫的传播与扩散途径[4]

媒介昆虫主要有松褐天牛*Monochamus alternatus*、台湾长角天牛*Acanthocinus taiwannensis*、小灰长角天牛*A. griseus*、马尾松角胫象*Shirahoshizo patruelis*、松纵坑切梢小蠹*Tomicus piniperda*、黑翅土白蚁*Odontotermes formosanus*等，其中最主要的媒介昆虫是松褐天牛[5]。

七、在中国的发生分布情况

1. 我国目前的实际发生分布情况

目前松材线虫病除了在我国台湾、香港及澳门有发生之外，据国家林业和草原局2020年第4号公告，该病害在江苏、安徽、浙江、福建、江西、山东、河南、湖北、湖南、广东、广西、云南、四川、贵州、陕西、辽宁、天津、重庆等18个省市中的666个县级行政区均有为害[6]。东北地区2016年10月14日首次在辽宁省大连市沙河口区大顶山发现松材线虫病[7]，其分布可能进一步向北推移到达辽宁省境内多个地级市。与此同时，我国的重要世界自然文化遗产如泰山、黄山、张家界等地理景观的生态安全，以及吉林、黑龙江、内蒙古等大片松林资源均面临着被松材线虫入侵的风险。

2. 适应性分布

根据近50年6—8月平均温度场，对松材线虫在我国适生分布进行数字化测报表明：目前气候适生概率较高的区域涉及山东、江苏、上海、浙江、安徽、河南、湖北、湖南、福建、重庆、贵州、四川东部、贵州东部、云南南部、广西北部、广东北部等大范围地区；叠加疫区、媒介昆虫、人为干扰数据之后，适生分布呈条带状，从东部沿海向西逐渐从高度适生过渡到不适生，高度适生区主要分布在辽宁、山东、江苏、上海、浙江、福建、湖南、广东、重庆、贵州等10个省份。此外，分别在1.1℃、1.5℃、2.1℃、2.3℃、2.8℃、3.3℃增温模式下，预测松材线虫气候适生概率分布显示：随着温度增幅增加，适宜松材线虫发育生长的潜在区域逐渐向北、向西南转移，高度适生区呈逐渐缩小趋势，但山西、云南、辽宁、甘肃、陕西等省份的高度适生区明显扩大；中度适生区面积呈上下波动变化；适生区分布面积总体呈上升趋势，随中度适生区扩大及缩小而减小和增加；不适生区范围一直维持最高水平且变化较小[8]。

八、发生及为害特性

1. 发生与为害

（1）主要寄主

主要为害马尾松、黑松、黄松、华山松、白皮松、云南松、赤松及湿地松等松科植物。

（2）为害特点

扩散型松材线虫通过天牛的气孔进入其呼吸系统，每头天牛可以携带数百至二十余万条松材线虫。当松褐天牛在松树上啃食时，松树线虫就会自媒介天牛的气孔爬出，从取食形成的枝叶伤口侵入松树体内，随后在树脂道内快速繁殖生长。在线虫快速繁殖传播的过程中，松树受损面积也不断扩大，感染症状越发明显，首先表现在松叶颜色发生改变，由墨绿色逐渐变为红褐色，其次是线虫入侵阻断了松树水分代谢，导致植株水分供养不足，松脂流动变缓，直到松脂不再流动，整个植株最终干枯而死，虽然叶子不会脱落，但整个树木都已经失去了生机。

松材线虫病的发病条件较一般的植物病害复杂，松材线虫病的发生和流行除了要有感病的寄主植物、病原线虫和合适的发病环境外，还要靠媒介昆虫的传播才有可能进入寄主植物。

2. 生物生态学特性

松材线虫病的发生和流行是在一定的环境下进行的。环境因子对松材线虫病的影响表现在对松树生长发育及其抗病力的影响，对松材线虫及传媒昆虫生长发育、生存、传播的影响。松材线虫病的发生主要和高温与干旱有关。夏季气温超过20℃，松材线虫病发病危险增加。在有感病松树的前提下，温度影响媒介昆虫生长发育和分布。在韩国，松褐天牛和云杉花墨天牛的温度分界线是年平均温度13.2℃；在我国台湾和日本南部，松褐天牛的发育最低温度阈值是12℃；在日本北部是13℃。温度是松褐天牛和云杉花墨天牛发育限制因子，松褐天牛还有地理变异现象。云杉花墨天牛发育最适合温度是20℃，而发育的起始温度是10.1℃。因此用年平均温度不足以评价松材线虫病是否潜在发生。加拿大和美国松材线虫的媒介昆虫分布广泛。松材线虫病为害较轻，其主要原因可能是寄主有抗性，媒介昆虫携带松材线虫能力没有松褐天牛强，媒介昆虫天敌多所致。松材线虫病虽已成为当地常发性森林病虫害，但未对森林造成严重破坏。

3. 主要形态特征与症状识别

（1）形态特征

1）松材线虫（圆尾形，又称R型）（图10-2）

雌虫：虫体直或略向腹面弯曲，阴门后腹弯更明显，有时体态呈开阔的“C”形；长约1 mm，宽约20 μm；唇区高，缢缩显著；口针细长，基部略增厚；中食道球卵圆形，占体宽的2/3以上，瓣门清晰；食道腺细长，覆盖于肠背面，长3～4倍体宽；排泄孔的开口大致和食道与肠交接处平行，有时更靠前，但不超过中食道球前缘；半月体在排泄孔后约2/3体宽处；单卵巢前伸，卵母细胞通常单行排列；阴门开口于虫体中后部约74%处，阴门盖显著；后阴子宫囊长约为阴肛距的3/4；尾部亚圆锥形，末端宽圆，少数有微小的尾尖突（不超过2 μm）。

雄虫：虫体呈“J”形，尾端尖细，侧观呈爪状，尾端腹面观可见交合伞，多呈卵圆形，形态多变；交合刺大，弓状，成对，喙突锐尖，交合刺远端具盘状突；尾乳突7个，1个位于肛门前，1对位于肛门旁，另2对位于交合伞起始处。

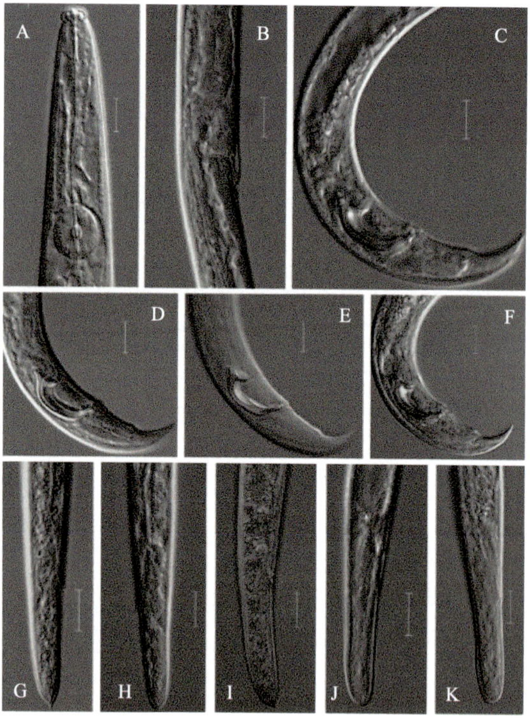

A：头部；B：阴门及阴门盖；C～F：雄虫尾部及交合刺；G～K：雌虫尾部；标尺：10 μm。

图10-2　松材线虫形态特征图（R型）[9]

主要鉴定特征：雄虫交合刺较大（长约30 μm），弓状，喙突锐尖，远端有盘状突；雌虫具明显的阴门盖，尾亚圆柱形，末端钝圆，无尾尖突（有时少数个体有微小的尾尖突，不超过2 μm）[9]。

2）松材线虫（尖尾形，又称M型）（图10-3）

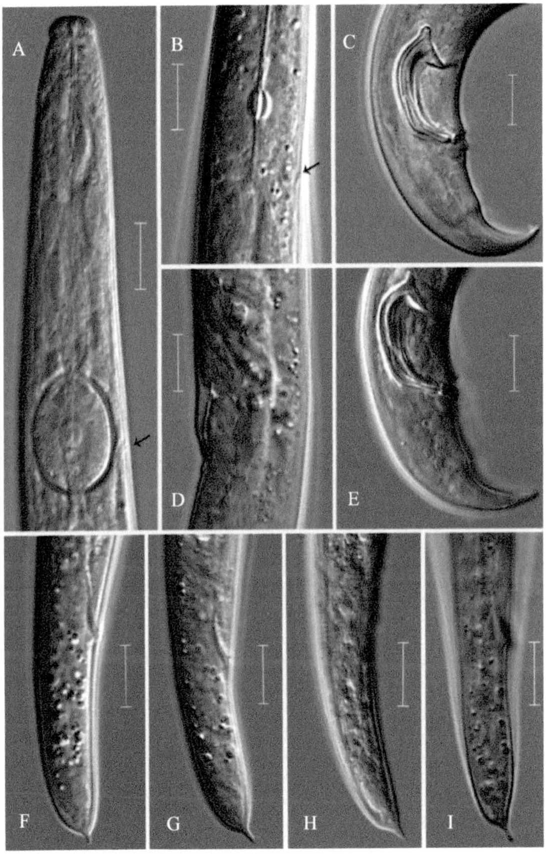

A：头部；B：排泄孔；C，E：雄虫尾部及交合刺；D：阴门及阴门盖；
F～I：雌虫尾部；标尺：10 μm。

图10-3　松材线虫形态特征图（M型）[9]

雌虫：虫体较细长，向腹面稍弯曲。体环细，侧线4条。唇区高约3.3 μm，宽7.4 μm；缢缩明显，唇瓣6片；口针长13.7～16.2 μm，锥部尖细，长度接近口针长的1/3，杆部略粗，基部略膨大；中食道球卵圆形，瓣门清晰，位于中食道球中部；排泄孔位于中食道球后5～22 μm，或更靠前，但不超过中食道球前缘；半月体位于排泄孔后9～15 μm；食道腺长叶状从背面覆盖肠，长约4倍体宽；卵巢伸展，两行排列；受精囊长卵圆形或不规则，有时含圆形精子；阴门位于体长的71.2%处，具明显的阴门盖；后阴子宫囊长约140 μm，略大于肛阴距的1/2；尾亚圆柱形，端生明显的尾尖突，长一般3 μm以下。

雄虫：虫体前部与雌虫相似，热杀死后虫体尾部弯成钩状；精巢前伸，长约429 μm；交合刺较大，弓形，长约24 μm，喙突锐尖，远端有盘状突；尾强烈向腹面弯曲，爪状，具端生交合伞，呈平铲形或卵圆形。

主要鉴定特征：与R型松材线虫非常相似，主要区别是其所有雌虫个体均有明显的尾尖突，平均长度不超过3 μm，多数在2 μm左右，且该尾尖突经灰葡萄孢人工培养后不消失[9]。

（2）症状识别

被松材线虫侵染的松树外部症状的显著特点是：首先针叶失水，褪绿并逐渐变褐，进而整株枯死，针叶全呈红黄色。病害的发展过程可以分为以下4个阶段。

①感染松材线虫的松树外观正常，但树脂分泌减少或停止，蒸腾作用下降。

②局部针叶开始变色，树脂分泌完全停止，通常可见天牛或其他甲虫侵害和产卵的痕迹。

③大部分针叶变为黄褐色，并呈现萎蔫状，往往能够观察到甲虫的蛀屑。

④针叶全部变为黄褐色，病树整株干枯死亡，但枝条上的针叶不脱落（图10-4、图10-5）。此外，一般病死木树干横断面往往会出现蓝灰色呈辐射状的蓝变菌。

图10-4　松材线虫为害症状（翁琴摄）

图10-5　松材线虫为害枯死症状（翁琴摄）

4. 快速分子检测

松材线虫快速分子检测DNA提取方法：挑取单条线虫放入Eppendorf管中，加入10 μL灭菌重蒸水、7 μL的10×PCR buffer（含Mg^{2+}）、3 μL蛋白酶K（600 μg/mL），置于-20℃冷冻至少1 h，之后将Eppendorf管置于65℃下温育1.5 h，95℃ 10 min，4℃至少5 min。最后，12 000 r/min离心1 min，取DNA上清液用于PCR扩增。

（1）特异性引物检测

利用松材线虫特异性PCR引物进行检测，正向引物BXF：5′-GAGTTTCTGCACGTTGTG；反向引物BXR：5′-CCACCAACTTTGGGCTGTTCC。PCR反应体系（12.5 μL）：

1.25 μL 10×PCR缓冲液，1 μL 25 mmol $MgCl_2$，1 μL 2.5 mmol dNTPs，2.5 pmol/μL的正反向引物各1 μL，6.15 μL ddH_2O，0.1 μL *Taq*酶（5 U/μL），1 μL DNA模板。PCR反应条件为：94℃预变性5 min，35个循环的94℃变性30 s，56℃退火30 s，72℃延伸1 min，最后72℃延长10 min。扩增产物用1%琼脂糖凝胶电泳检测，松材线虫样本能够产生特异性的约580 bp条带（图10-6）。针对发病木样检测灵敏度为每100 mg木样发病10条[10]。

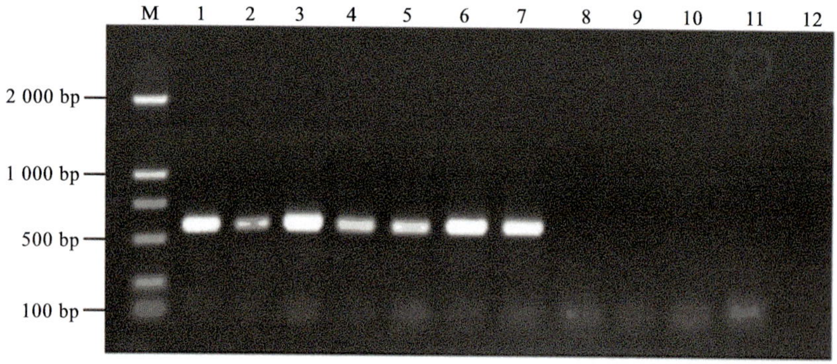

1～7为松材线虫样本；8～11为拟松材线虫样本；12为空白对照。

图10-6 松材线虫特异性引物检测[10]

（2）环介导等温扩增检测（LAMP）

LAMP反应采用Loopamp DNA amplification kit（Eiken Chemical），引物见表10-1，反应体系为2×reaction mix 12.5 μL，FIP与BIP各40 pmol，F3与B3各5 pmol，LF 20 pmol，甜菜碱1.6 mol/L，Bst DNA polymerase 1 μL，Genomic DNA 2 μL，荧光检测试剂1 μL，加水至25 μL，置于63℃恒温水浴锅中的保温60 min，80℃保温2 min，冷却至室温。阳性扩增产物在紫外光下呈明亮的绿色，而阴性对照则呈现橘黄色（图10-7A），反应产物滴加至侧

向层析试纸条时阳性样本会出现质控线及检测线两条线，而阴性样本仅出现质控线（图10-7B）。该方法检测灵敏度可以达到1 000拷贝靶标DNA或者是2.5×10^{-5}单条线虫[11]。

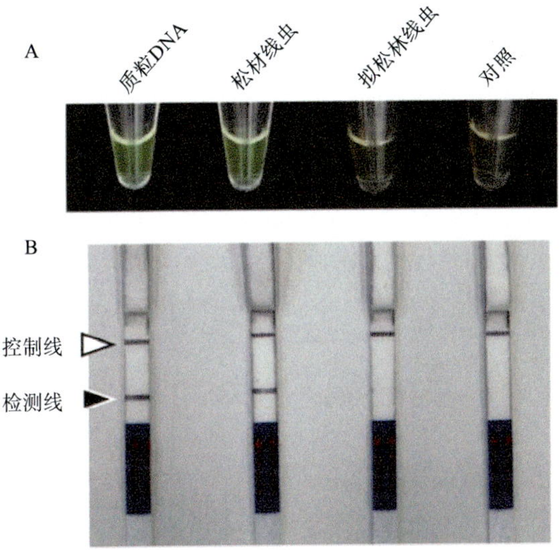

A：反应产物紫外光下检测荧光信号；B：侧向层析试纸条检测。

图10-7　松材线虫LAMP检测[11]

表10-1　松材线虫LAMP引物信息

引物名称	序列
F3	5′-GCAGAAACGCCGACTTGTT-3′
B3	5′-AGTAGGCTTGCAGGGACTG-3′
FIP	5′-GCGCCTTGTTTGGCGCATTTTCGTTGTGACAGTCGTCTCG-3′
BIP	5′-AGAGGGCTTCGTGCTCGATTGCGGCAACTTTGTTGTAGTGG-3′
LF	5′-GTCTACCACGGATTGTAACG-3′

九、防控措施

发生松材线虫病需满足易感松树、适度温湿度、松材线虫及媒介昆虫等4个要素，其中媒介昆虫是松材线虫病传播的主因，因此防治媒介昆虫（松褐天牛）是关键。

1. 枯死松树清理

病死树伐桩不能高于5 cm，立地条件差、伐桩难清理的地方，去皮后纵向砍数刀后喷洒甲氰菊酯至伐桩湿透，或放1～3粒磷化铝，并以0.8 mm厚的塑薄膜密封，四周压土，贴上警示标志。条件允许的区县，可将清理的疫木制成人造板或切成1 cm厚的碎片，或浸泡于90～95℃的水温中1～2 h，以达到防治目的。

2. 媒介昆虫防治

（1）药剂防治天牛

根据防治需要确定防治区域后，在媒介昆虫羽化初期和第一次喷施药剂的有效期末，选用高效低毒、环境友好的缓释型药剂连续2次施药防治。在松褐天牛羽化盛期进行施药，分别选择在4月中旬、5月中旬和7月上旬的晴好天气进行，药剂可用：3%高效氯氰菊酯微囊悬浮剂、20%灭幼脲灭虫碱微囊悬浮剂、3.6%烟碱·苦参碱微胶囊粉剂、2%噻虫啉微胶囊悬浮剂、1%噻虫啉微胶囊粉剂。当松褐天牛大量聚集时，可以在林区地面及松树表面喷洒8%氯氰菊酯微囊悬浮剂300倍液。

（2）诱捕器诱杀防治

在媒介昆虫羽化前1～5天设置诱捕器，一般每30亩可设置一套，每套之间的距离约150 m。诱捕器要尽量设置在林中相对开阔且通风较好区域。诱捕器应当垂直悬挂，下端距地面1.5 m左右，并及时更换诱芯，定期收集和处理媒介昆虫，统计媒介昆虫诱集种类和数量。

（3）立式诱木引诱防治

在当地媒介昆虫羽化前2个月，选取发生区内林间衰弱松树设为诱木，在诱木胸胫部环剥10 cm宽的环剥带，环剥深度应当至木质部。诱木每10亩可设置1株，于每年冬春季媒介昆虫非羽化期，将诱木逐一伐除后全部进行粉碎（削片）或者烧毁处理。

3. 松材线虫防治方法

在松树干注射10%甲维盐可溶粒剂可防治线虫感染；以5%：3%：5%的涕灭威、克百威和噻唑膦，每株150～200 g对松树根周围开沟施药，防治效果达92%～100%；用915 MHz微波源，65℃持续10 min，松材线虫死亡率为100%。

4. 其他防治方法

（1）选择抗病树种

黑松比马尾松更容易感病，通过良种选育等方法，为不同地区培育出抗病树种，研究发现，火炬松等树种为抗病树种。

（2）更新造林方式

我国的松林基本都是人工林，林地结构简单，大多为纯林，抗病虫能力弱，可通过针、阔树种混交，提高林分多样性，改变林分结构。

（3）设置生态屏障

根据松褐天牛习性，在疫点隔离区砍出3～5 km的无松树隔离带，防止其迁飞，或用其他树种替换松科植物在隔离区新造林。

（4）加强宣传和检疫执法

加大对松材线虫病的特征、为害程度及防治方法等知识的宣传，争取政府及群众的支持和理解，有利于监测疫情。联合电力、通信、建筑、物流等各部门，加强检疫执法检查和复检，禁止疫区疫木流通。

参考文献

[1] FORGE T A, SUTHERLAND J. Distribution and reproduction of *Bursaphelenchus xylophilus* populations in wood and bark of Western North American conifers[J]. Fundamental and Applied Nematology，1996，19（4）：341-347.

[2] 谢丙炎，成新跃，石娟，等. 松材线虫入侵种群形成与扩张机制：国家重点基础研究发展计划“农林危险生物入侵机理与控制基础研究”进展[J]. 中国科学（C辑：生命科学），2009，39（4）：333-341.

[3] 程瑚瑞，林茂松，黎伟强，等. 南京黑松上发生的萎蔫线虫病[J]. 中国森林病害，1983（4）：1-5.

[4] 任炳忠，唐羚桓. 检疫性害虫松材线虫研究进展[J]. 吉林农业大学学报，2020，42（1）：8-13.

[5] 徐福元，杨宝君，葛明宏. 松材线虫病媒介昆虫的调查[J]. 森林病虫通讯，1993，12（2）：20-21.

[6] 国家林业和草原局. 国家林业和草原局2020年第4号公告[EB/OL].（2020-02-28）http://www. Forestry. gov. cn/sites/main/main/gov/content. jsp?TID=20200326150956278148109.

[7] 田宇明，赵伟，吕晓亮，等. 大连地区松材线虫病林分发病规律研究[J]. 中国林副特产，2019（6）：78-79.

[8] 于治军，李硕，周艳涛，等. 不同增温模式下我国松材线

虫适生分布模拟与预测[J]. 东北林业大学学报，2018，46（1）：85-91.

［9］ 顾建峰. 伞滑刃属线虫形态和分子鉴定[M]. 厦门：厦门大学出版社，2011.

［10］ 夏彦飞，李红梅，王暄，等. 病木样本松材线虫DNA 检测方法研究[J]. 江苏农业科学，2009（1）：35-38.

［11］ KIKUCHI T，AIKAWA T，OEDA Y，et al. A rapid and precise diagnostic method for detecting the pinewood nematode *Bursaphelenchus xylophilus* by loop-mediated isothermal amplification[J]. Phytopathology，2009，99（12）：1365-1369.

（撰稿人：王暄，李永青）

第十一章

东京伞滑刃线虫
(*Bursaphelenchus tokyoensis* Kanzalci Aikawa & Giblin-Davis)

一、分类地位

线虫门Nematoda
  色矛纲Chromadorea
    小杆目Rhabditida
      滑刃科Aphelenchoididae
        伞滑刃线虫属*Bursaphelenchus*

二、英文名

无。

三、中文名

东京伞滑刃线虫。

四、起源、来源、原产地和世界其他国家和地区的分布情况

2009年在日本枯死的赤松*Pinus densiflora* Sieb. et Zucc.上首次发现并鉴定[1]。

五、入侵中国的最早记录或发现时间

中国最早于2015年在广东省珠海市枯死的黑松*Pinus thunbergii*

上发现东京伞滑刃线虫[2]。

六、传播扩散途径和方式

未有报道。

七、在中国的发生分布情况

1. 我国目前的实际发生分布情况

迄今为止仅在广东省珠海市枯死的黑松*Pinus thunbergii*[2]和北京市周边林区的一株有枯萎病症的油松*Pinus tabulaeformis*上发现[3]。

2. 适生性分布

未有报道。

八、发生及为害特性

1. 发生与为害

东京伞滑刃线虫的寄主比较广泛，赤松、黑松、油松均能被其侵染。东京伞滑刃线虫日本赤松群体、广东珠海黑松群体和北京油松群体都是从枯死的松树上分离获得，对于此线虫的致病性以及是否是导致松树死亡的原因等，仍有待于进一步研究。

2. 生物生态学特性

未有相关报道，有待进一步研究。

3. 主要形态特征与症状识别（图11-1，图11-2）

雄虫：虫体热杀死后向腹面弯曲呈“J”形；体环明显；侧区具4条侧线；唇区与体部缢缩明显；口针长9.4～13.5 μm，基部略增厚，针锥部占口针全长的40%～44%；中食道球卵圆形，中食道球

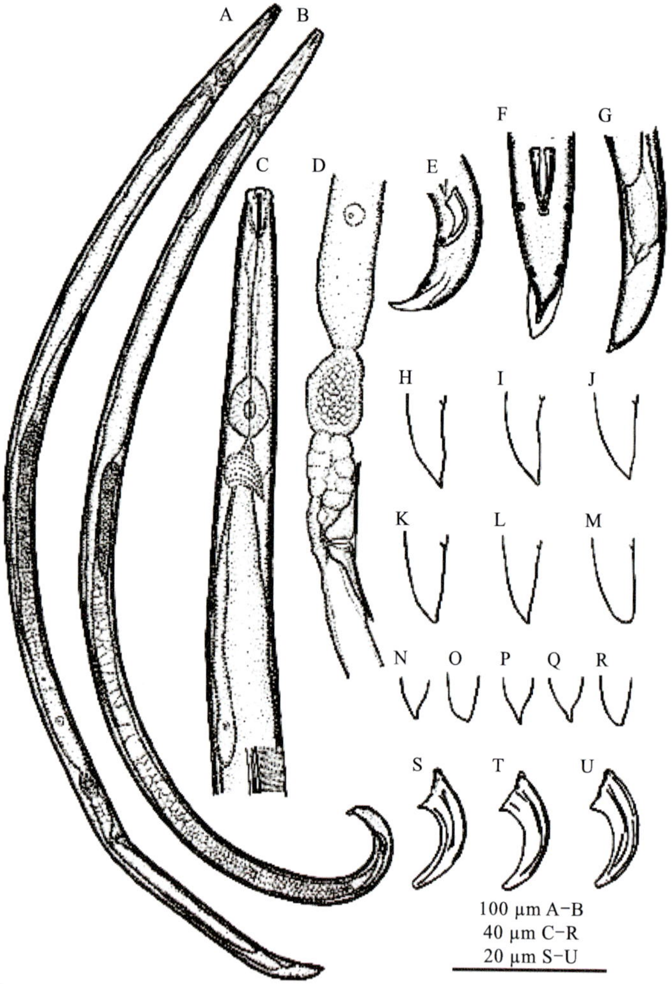

A：雌虫；B：雄虫；C：成熟雌虫体前部；D：雌虫生殖道；
E：雄虫尾部（侧面）；F：雄虫尾部（腹面观）；G：雌虫尾部（侧面观）；
H～M：雌虫尾部变化；N～R：雌虫尾尖变化；S～U：交合刺。

图11-1　东京伞滑刃线虫[1]

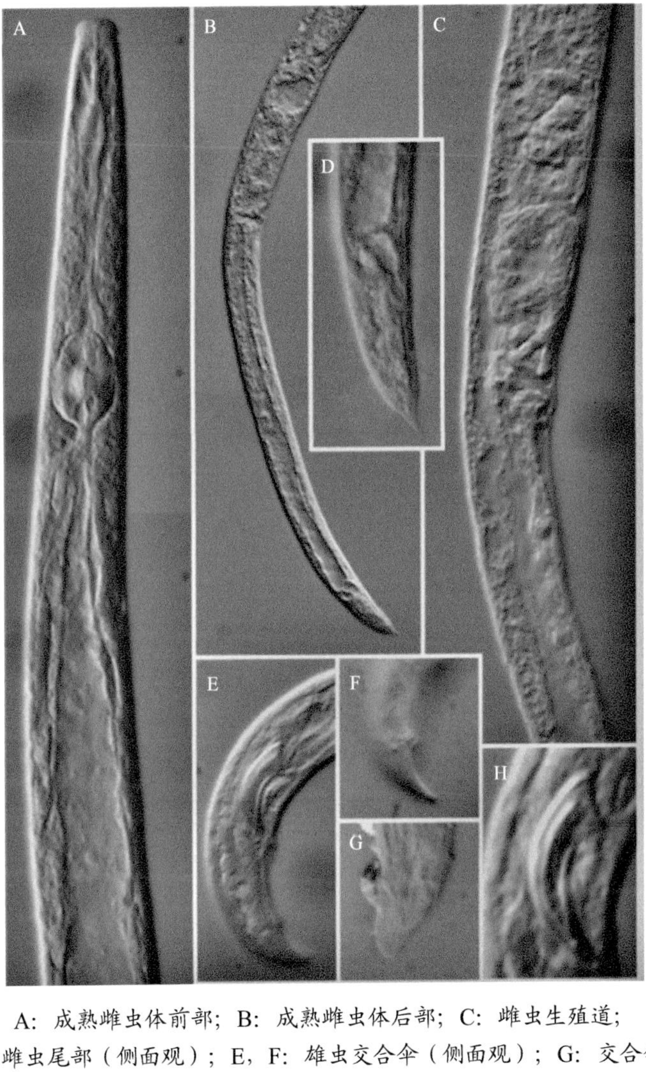

A：成熟雌虫体前部；B：成熟雌虫体后部；C：雌虫生殖道；
D：雌虫尾部（侧面观）；E，F：雄虫交合伞（侧面观）；G：交合伞；
H：交合刺；标尺：A，C ~ F=40 μm；B=100 μm；G，H=20 μm。

图11-2　东京伞滑刃线虫[1]

宽8.0 ~ 11.7 μm，瓣门位于中食道球中部；排泄孔位置多变，一般位于神经环和中食道球中部之间；食道腺从背部覆盖肠，约为中食道球长度的5倍；单精巢前伸，长度约为体长的30%～50%；交合刺成对，长10.0～15.5 μm，踝突小，方形，难以辨认；喙突小，钝尖或圆；交合刺中弧线长11.3～16.0 μm，直长9.6～13.5 μm，远端无刺帽；尾短，向腹部弯曲呈弓形，长度约为肛门处体宽的2倍；尾乳突7个：1个小乳突位于泄殖腔前中部；第1对侧腹乳突位于泄殖腔处；其他2对位于泄殖腔后，彼此相邻排列[2，3]。

雌虫：热杀死后虫体向腹面弯曲；体前端/食道结构及表皮特征与雄虫相似；单卵巢前伸，长度占体长的30%～45%；卵母细胞在卵巢前端1/3处单行排列，在卵巢中部呈2～3行排列，在卵巢后部发育成单行成熟的卵细胞。阴门具1个小的阴门盖；阴道直，向前倾斜；后阴子宫囊长，约为阴门处体宽的6～9倍，占肛阴距的76.3%～90%；尾短，末端具一钉状的突起[2，3]。

4. 线虫的快速分子检测方法

（1）1对引物

引物F194（5′-CGTAACAAGGTAGCTGTAG-3′）；

引物5368r（5′-TTTCACTCGCCGTTACTAAGG-3′）。

对rDNA-ITS区进行扩增，PCR扩增退火50℃，扩增片段大小为1 080 bp；与日本赤松群体（登录号：AB430445）的相似度为98%[2]。

引物F2D（5′-AGTACCGTGAGGGAAAGTTG-3′）；

引物R2D（5′-GCTACTAGATGGTTCGATTAGT-3′）。

对rDNA-28S区进行扩增，PCR扩增退火55℃，扩增片段大小为752 bp，与日本赤松群体（登录号：AB430446）的相似度为99%[3]。

（2）2对引物

引物Ⅰ：

988F（5′-CTCAAAGATTAAGCCATGC-3′）；

1912R（5′-TTTACGGTCAGAACTAGGG-3′）。

引物Ⅱ：

1813F（5′-CTGCGTGAGAGGTGAAAT-3′）；

2646R（5′-GCTACCTTGTTACGACTTTT-3′）。

对rDNA-18S区进行扩增，PCR扩增退火54℃，扩增片段大小分别为973 bp和881 bp，测序拼接后18S区的总片段大小为1 717 bp，与日本赤松群体（登录号：AB430445）的相似度为99%[3]。

九、防控措施

第一，加强检疫工作，严禁将疫区内的病死木材及其制品外运和输入无病区。

第二，林地清理，砍除和烧毁病树，清除病株残体。伐除病株后必须将病株烧毁，否则将成为新的侵染来源。

第三，在线虫侵染前数星期，用丰索磷、治线磷等内吸性杀虫和杀线剂施于松树根部土壤中，对于经济价值高的松树可采用丰索磷注射树干，预防线虫侵入和繁殖。

参考文献

［1］ KANZAKI N, AIKAWA T, GIBLIN-DAVIS R. *Bursaphelenchus tokyoensis* n. sp.（Nematoda：Parasitaphelenchinae）isolated from dead wood of the Japanese red pine，*Pinus densiflora* Sieb.

& Zucc., in Japan[J]. Nematology, 2009, 11（2）: 171-180.

［2］ 扈丽丽，王宏洪，陶冶，等. 中国新纪录种：东京伞滑刃线虫（*Bursaphelenchus tokyoensis*）[J]. 热带作物学报，2017，38（11）：2124-2128.

［3］ 刘乐乐，方亦午，刘曦，等. 北京油松上东京伞滑刃线虫的鉴定[J]. 福建农林大学学报：自然科学版，2020，49（4）：447-452.

（撰稿人：姬红丽，李忠彩）

第十二章

草莓滑刃线虫

[*Aphelenchoides fragariae* (Ritzema Bos) Christie]

一、分类地位

线虫门Nematoda

色矛纲Chromadorea

小杆目Rhabditida

滑刃科Aphelenchoididae

滑刃线虫属*Aphelenchoides*

二、英文名

strawberry crimp nematode。

三、中文名

草莓滑刃线虫。

四、起源、来源、原产地和世界其他国家和地区的分布情况

草莓滑刃线虫最初是由Ritzema Bos于1891年在从英国寄给他的草莓植株标本中发现的。草莓滑刃线虫广泛分布于欧洲、俄罗斯、日本和北美[1]，根据国际应用生物科学中心（CABI）入侵物种纲要，目前已有37个国家存在草莓滑刃线虫的报道[2]。

五、入侵中国的最早记录或发现时间

我国最早于1992年在河北保定分离发现草莓滑刃线虫，当时称其为草莓芽线虫*Aphelenchoides fragariae*[3]。

六、传播扩散途径和方式

草莓滑刃线虫是植物地上部分的专性寄生线虫，可以内寄生也可以外寄生，内寄生在叶部（如蕨类、秋海棠、芍药等），造成典型的叶斑症状。当寄主植物叶表面覆盖一薄层水膜时，线虫就可通过气孔而侵入叶片或穿过表皮而直接侵入[2]。水膜是草莓滑刃线虫传播、侵染和引起病害流行的必要条件[4]。线虫在叶内部的活动似乎受叶脉的限制。该线虫在草莓上是外寄生的，存在于卷曲的芽顶端或长匍匐茎的芽中；在展开的叶子中，可看到褐色的干燥的一小块取食斑，通常在主脉附近，但在该部位找不到线虫，由此表明，线虫的取食发生在卷曲的芽阶段。偶尔也可在组织和果实的肉质中发现线虫，在紫罗兰上，草莓滑刃线虫也是外寄生的，寄生在未展开的叶子、花芽或子房中。

该种线虫能在病株残体上存活。通过带虫果实、叶片、幼苗、苗木、带芽枝条、球茎、鳞茎和附于植物体上的土壤传播。在珠兰上，草莓滑刃线虫在珠兰芽内越冬，芽的带虫量极高。珠兰病叶中的线虫可以在室外越冬，越冬后的线虫于第二年春天借助珠兰体表的水膜和雨水飞溅传播[5]。

七、在中国的发生分布情况

1. 我国目前的实际发生分布情况

草莓滑刃线虫在我国主要分布在河北、江苏、安徽、广东、海南、四川、福建[6,7]。

2. 适生性分布

该线虫没有适生性分析的有关报道。

八、发生及为害特性

1. 发生与为害

草莓滑刃线虫可寄生在温带和热带的47个科250多种植物上，主要寄生在蕨类、百合科、报春花科、毛茛科植物及草莓、柑橘、金银花、秋海棠属植物等[5]。

草莓滑刃线虫在爱尔兰侵染和为害草莓，可使草莓减产达60%[8]，草莓滑刃线虫在法国也能造成草莓产量下降[9]。当寄主植物叶表面覆盖一薄层水膜时，线虫就可通过气孔而侵入叶片或穿过表皮而直接侵入。草莓滑刃线虫的发生受湿度和温度的影响，3—5月和11月至次年1月是其高峰期[10]。在波兰，晚春和早春，气温低、相对湿度高的月份里草莓中草莓滑刃线虫发生较多；在日本，雨季时山田百合和铃兰上的草莓滑刃线虫种群数量增加[4]。

2. 生物生态学特性

草莓滑刃线虫是地上部植物的专性寄生线虫，可能营外寄生或内寄生，在草莓上，它在花蕾上是外寄生的，取食后在中脉和主脉划定的区域引起小而干燥的棕色块状。线虫常内寄生于叶片组织中，偶尔也寄生于果浆中。它寄生于蕨类植物、秋海棠、牡丹等的叶片内，取食引起叶斑病症状。

在18℃条件下，草莓滑刃线虫寄生在洛林秋海棠叶片上，其生活史约为10～11天。卵在4天内可孵化，幼虫在6～7天成熟[11]。有研究表明，草莓滑刃线虫可承受的叶组织温度高达40℃或低至-80℃[5]。

3. 主要形态特征与症状识别（图12-1，图12-2）

（1）形态特征

身体细长（a=45～63）。表皮的环纹相距0.9 μm；侧区有2条侧线，呈狭窄带状。头区，平滑，前端扁平，与体躯连续，无明显

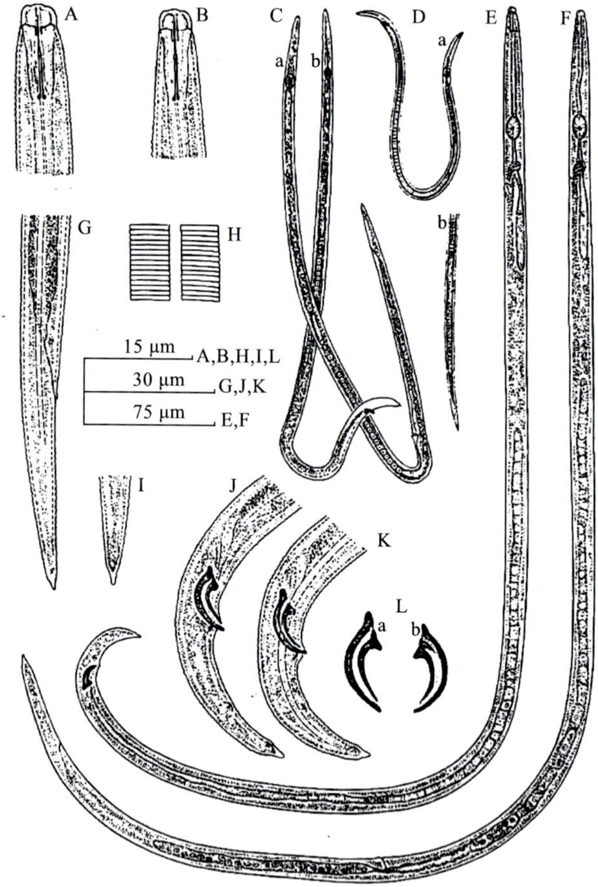

A：雌虫头部；C（a），F：雌虫；D（b）：体后部；G：尾部；H：侧区；I：尾端；B：雄虫头部；C（b），D（a），E：雄虫；J，K：尾端；L：交合刺。

图12-1　草莓滑刃线虫[1]

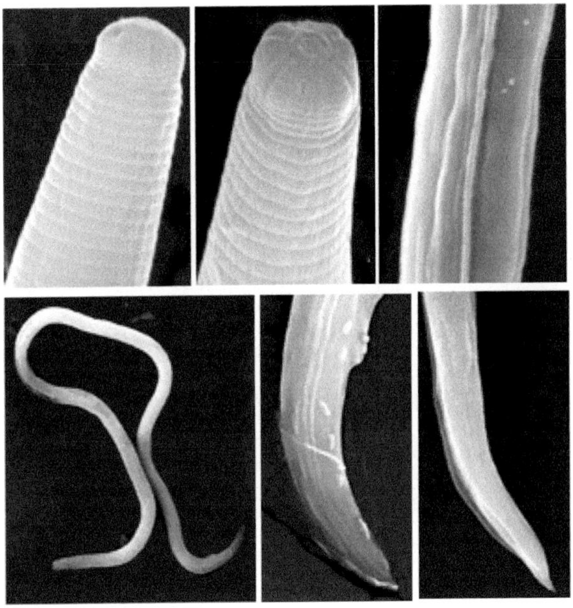

图12-2　草莓滑刃线虫的扫描电镜照片[12]

缢缩。口针细长，10 ~ 11 μm，有1个细小的口针基部球，口针顶端尖锐。典型的滑刃型食道，中食道球明显，近椭圆形，内有大的瓣门。食道腺与肠在背侧面重叠。神经环位于食道狭部的基部。排泄孔靠近神经环位置的腹面。尾部呈长圆锥形，末端具有1个尾尖突，呈尖刺状[12]。

雌虫：虫体直或向腹面略微弯曲；阴门横裂，位于距离虫体头部64% ~ 71%的位置；受精囊呈长椭圆形，内通常含有精子；后阴子宫囊长度超过阴门至肛门距离的一半，卵巢单个，卵母细胞排列呈单排。

雄虫：数量多；体形与雌虫类似，身体的后部区域弯曲45° ~ 90°；单精巢前伸，精母细胞排列成单排；尾部有3对腹中尾乳突。

交合刺大而突出，平滑弯曲，呈玫瑰刺状，喙突明显，背肢长14～17 μm。

幼虫：有4个幼虫龄期，形态上类似雌虫形态，但缺乏生殖结构。

（2）症状识别

草莓滑刃线虫是植物地上部分的专性寄生线虫，可以内寄生也可以外寄生，内寄生在叶部（如蕨类、秋海棠、芍药等），造成典型的叶斑症状（图12-3）。在草莓上侵染时导致畸形和变态，如叶的卷曲，叶柄变红，匍匐茎的节间缩短，花朵数量减少，只有1朵或2朵花以及顶芽的死亡。该种线虫在蕨类植物上侵染时造成叶斑；在开花植物上引起不规则的水浸状病斑，后来变成褐色或紫色。草莓滑刃线虫在百合上侵染引起顶梢枯死病，造成百合叶、花芽和果实变褐，以致死亡；在栽培的紫罗兰上引起矮化。在日本，该种线虫造成芍药的腐烂；在苏格兰，造成报春花花头变黑；在英国簇生蕨上，当其他蔬菜长势弱时，该种线虫可在簇生蕨上引起典型的白斑症状。

图12-3　草莓滑刃线虫的为害症状[13]

4. 线虫的快速分子检测方法

无。

九、防控措施

1. 化学防治

在冷冻保存前将新鲜草莓植株在噻唑膦浸泡，可以阻止草莓滑刃线虫的侵染[15]。阿维菌素施用于受草莓滑刃线虫侵染的斑纹草叶片，可显著减少草莓滑刃线虫的侵染数量，较高的施用率可杀死所有线虫[15]。

2. 生物防治

据报道，目前有13种食线虫类真菌以草莓滑刃线虫为食[16]，从澳大利亚的*Heterodera avenae*、美国的*Meloidogyne javanica*和*Criconemella xenoplax*中分离得到的5株被毛孢菌*Hirsutella rhossiliensis*，在4天内对草莓滑刃线虫的致死率在45%～65%。

3. 物理防治

用伍德氏光（波长300～400 nm）照射对草莓滑刃线虫不利[16]。温水处理法对气生植物受侵染部位的处理已使用较长时间。对受侵染植株的地上部分进行温水处理法是防治该种线虫的常用方法。在46.6℃下温水处理受侵染种子12 min可防治草莓滑刃线虫，虽然种子遭到一些损害但可恢复。

4. 农业防治

在法国，防治草莓滑刃线虫病害的栽培方法包括：使用健康适应性良好的草莓品种；合理施肥及灌溉等[13]。而在日本，种植小麦等非寄主作物可显著减少百合田土壤中草莓滑刃线虫的数量[9]。

参考文献

[1] HUNT D J. *Aphelenchida*，*Longidoridae and trichodoridae*：their systematics and bionomics[J]. CABI International：Wallingford，UK，1993：129-142.

[2] FU Z，AGUDELO P，WELLS C E. Detoxification-related gene expression accompanies anhydrobiosis in the foliar nematode（*Aphelenchoides fragariae*）[J]. Nematol，1969，52：1-12.

[3] 朱杰华，樊慕贞，刘景芬，等. 河北草莓上发现春矮线虫病[J]. 河北农业大学学报，1997（2）：21-23.

[4] KOHL L，WARFIELD C，BENSON D M. Population dynamics and dispersal of *Aphelenchoides fragariae* in nursery-grown Lantana[J]. Journal of Nematology，2010，42（4）：332-341.

[5] JAGDALE G，GREWAL P. Identification of alternatives for the management of foliar nematodes in floriculture[J]. Pest Management Science，2002，58（5）：451-458.

[6] 谢志成，陈柳凤，刘国坤，等. 福建草莓线虫病害及线虫种类鉴定[J]. 莱阳农学院学报，2004（2）：99-103.

[7] 赵文霞，杨宝军. 中国线虫名录[M]. 北京：中国林业出版社，2006.

[8] DUGGAN J J. Leaf and bud eelworms of strawberries[J]. Farm Research News，1969，10（6）：134-136.

[9] CLERJEAU M，RANCILLAC M，VESCHAMBRE D.

The position regarding strawberry decline in France[J]. Pépinieristes Horticuteurs Maraîchers-Revue Horticole, 1983 (237): 39-42.

[10] SZCZYGIEL A, HASIOR H. Seasonal variations in population of plant parasitic nematodes in strawberry plantations[J]. Ekologia Polska, 1972, 20 (38): 507-523.

[11] STRÜMPEL H. Beobachtungen zur Lebensweise von *Aphelenchoides fragariae* in Lorraine-Begonien[J]. Nematologica, 1967, 13 (1): 67-72.

[12] KHAN Z SON S H, MOON H S, et al. Description of a foliar nematode, *Aphelenchoides fragariae* (Nematoda: Aphelenchida) with additional characteristics from Korea[J]. Journal of Asia-Pacific Entomology, 2007, 10 (4): 313-315.

[13] MOUSSA F F. The influence of light on infection of Asplenium nidus leaves with the foliar nematode *Aphelenchoides fragariae*[J]. Mededelingen van de Faculteit Landbouwwetenschappen Rijksuniversiteit Gent, 1972, 37 (1): 9-27.

[14] TACCONI R, ZANI A, PASINI P. Control trial against *Aphelenchoides fragariae* on strawberry using chemical and physical means[J]. Frutticoltura, 1982, 44 (5): 102-106.

[15] LAMONDIA J A. Efficacy of insecticides for control of *Aphelenchoides fragariae* and *Ditylenchus dipsaci* in flowering perennial ornamentals[J]. Journal of Nematology, 1999, 31

（4）：644-649.

[16] JANSSON H B，NORDBRING-HERTZ B. Interactions between nematophagous fungi and plant-parasitic nematodes：attraction，induction of trap formation and capture[J]. Nematologica，1980，26（4）：383-389.

（撰稿人：田忠玲，李彩红）

第十三章

香蕉穿孔线虫

[*Radopholus similis* (Cobb) Thorne]

一、分类地位

线虫门Nematoda

色矛纲Chromadorea

小杆目Rhabditida

短体科Pratylenchidae

穿孔线虫属*Radopholus*

二、英文名

banana burrowing nematode。

三、中文名

香蕉穿孔线虫，相似穿孔线虫。

四、起源、来源、原产地和世界其他国家和地区的分布情况

香蕉穿孔线虫最早在斐济的香蕉上发现。目前，该线虫在全球各大洲大多数热带和亚热带香蕉种植区均有发生，发生该线虫的国家和地区超过90个。

五、入侵中国的最早记录或发现时间

1987年，福建省从菲律宾进口香蕉种苗上发现，后来采取严格措施给予扑灭[2]。

六、传播扩散途径和方式

带虫的蕉苗（或吸芽和球茎）等种植材料及土壤是主要初侵染源。在田间，该线虫还可通过植物根系伸长和相互接触传染，另外农事操作、水流和线虫的活动也可传播扩散。

七、在中国的发生分布情况

1. 我国目前的实际发生分布情况

福建省于1987年从菲律宾进口香蕉种苗上发现香蕉穿孔线虫，之后被扑灭。

2. 适生性分布

香蕉穿孔线虫在所有大洲的香蕉种植物区均可发生。在我国，有学者利用生态位模型GARP与MaxEnt对香蕉穿孔线虫在我国的适生区进行了预测，提出该线虫主要在我国的海南、广东、广西、福建、云南、台湾等南方省区适生分布。

八、发生及为害特性

1. 发生与为害

香蕉穿孔线虫寄主范围非常广泛，有250多种。主要为害的农业经济作物有香蕉、胡椒、柑橘、菠萝、甘蔗、椰子、可可、咖啡、茶树、马铃薯等。另外竹芋科、棕榈科等一些观赏性植物也是该线虫的良好寄主。该线虫是迁移型内寄生线虫，以雌虫和幼虫侵染植物的根和球茎等地下组织。

2. 生物生态学特性

香蕉穿孔线虫的发生与土壤温度及类型关系密切，当土壤温度为24℃～28℃时，最适宜线虫发生发展；沙性土壤比黏性土壤更适宜线虫发生。另外，香蕉穿孔线虫常与土壤真菌病害如尖孢镰刀菌*Fusarium oxysporum*形成复合侵染。该线虫完成生活史所需时间因不同寄主、不同温度而异。24～32℃，在香蕉根部完成生活史为20～25天；25～28℃，在椰树根上的生活史为25天；21～31℃，在黑胡椒根部完成生活史时间为25～30天。该线虫繁殖和侵染寄主的最适温度为24℃，最低温度为12℃，最高温度为29.5～32.5℃。

3. 主要形态特征与症状识别

（1）形态特征

雌雄虫均呈线形，但具雌雄二态性。虫体体环清楚，侧区侧线4条。雌虫体长0.51～0.88 mm，头部低，前端平圆，不缢缩或略缢缩，唇环3～4个，头骨架强；口针长16～23 μm，基部球发达，食道发育正常，中食道球卵圆形，后食道腺长叶状从背面或背侧面覆盖肠；阴门位于虫体中后部，V值为50%～67%，通常双生殖腺、对伸；尾通常呈长圆锥形，偶尔呈近圆柱形，尾端部形态变化多样。雄虫体长0.49～0.72 mm，头部高、呈球形，显著缢缩，唇环3～5个，头骨架弱或不明显；口针和食道显著退化，口针基部球不明显或无；中食道球不清楚；单精巢，前伸，交合刺1对，长13～24 μm；引带小，长7～14 μm，伸出泄殖腔；交合伞伸到尾部约2/3处；尾呈长圆锥形，尾端部形态多样（图13-1）。

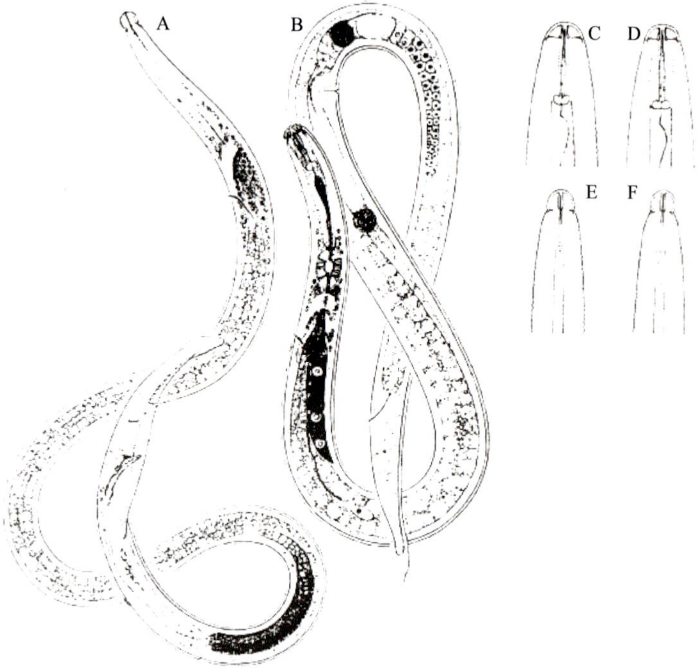

A：雄虫；B：雌虫；C～D：雌虫头部；E～F：雄虫头部。

图13-1　香蕉穿孔线虫[5, 7]

（2）症状识别

香蕉穿孔线虫侵染香蕉的根部，通常导致根表面产生红褐色、略凹陷的斑痕，并出现边缘略凸起的纵裂缝。将病根纵切，可见皮层上有红褐色条斑。随着病害的发生发展，根逐渐变黑甚至腐烂。受线虫侵染的香蕉地上部生长缓慢，叶小、发黄，果少，果小。此外蕉株固着能力弱，易摇摆、倒伏或翻蔸，所以香蕉穿孔线虫病也称作“黑头倒塌病”（图13-2）。香蕉穿孔线虫还可侵染许多观赏性植物，引起植物矮化、发黄等症状（图13-3）。

图13-2　香蕉穿孔线虫为害香蕉症状[4]

图13-3　香蕉穿孔线虫为害竹芋症状[6]

4. 线虫的快速分子检测方法

特异性引物：

RsF1（5′-TGTCATCGCCTTTGGCAGCT-3′）；

RsR1（5′-TGGTAAACGACCCTGAACCAG-3′）。

使用这两条特异性引物对rDNA-ITS区进行扩增，可获得271 bp的特异条带，该引物的检测灵敏度可以达到1/256倍的单头香蕉穿孔线虫DNA微量。

九、防控措施

1. 植物检疫

禁止疫区的寄主植物及土壤进入非疫区，若生产上需从疫区调进香蕉等寄主植物种苗，应调进生长在组培瓶里的组培苗，并对疫区的寄主植物进行严格检查，一旦发现相似穿孔线虫传入，要立即向政府和植物检疫部门报告，并及时采取铲除措施。

2. 种苗处理

对带虫的蕉苗、吸芽或球茎，先削去病组织，然后用温水或杀线剂浸泡，吸芽可在53～55℃温水浸泡15～25 min。

3. 农业防治

发病的田块休耕10～12个月，用非寄主作物与香蕉轮作至少2年。发病蕉园在病株销毁清除后，淹水8周，定期用草、叶片或其他有机物覆盖根部，增施有机肥，在蕉园中种植万寿菊等具驱线虫作用的植物。

4. 化学防治

用威百亩等熏蒸性杀线虫剂处理育苗基质和发病蕉园土壤。用非熏蒸性杀线虫剂如噻唑膦等处理土壤。

参考文献

[1] 王琼，耿丽凤，张东升，等. 香蕉穿孔线虫（*Radopholus similis*）特异性分子检测技术研究[J]. 植物病理学报，2011，41（2）：171-177.

[2] 冯志新. 植物线虫学[M]. 北京：中国农业出版社，2001：160-162.

[3] 谢辉. 植物线虫分类学[M]. 2版. 北京：高等教育出版社，2005：171-176.

[4] BRIDGE J，STARR J L. Plant Nematodes of Agricultural Importance，A Colour Handbook[M]. Grafos SA，Barcelona，Spain，2007：98-100.

[5] HUNT D J，LUC M，Manzanilla-Lopez R H. Identification，morphology and biology of plant parasitic nematodes. In：Plant Parasitic Nematodes in Subtropical and Tropical Agriculture，2nd edition（LUC M，SIKORA R A，BRIDGE J）[M]. CABI，Wallingford（GB），2005：11-52.

［6］ OEPP/EPPO，*Radopholus similis* [J]. Bulletin OEPP/EPPO Bulletin，2008，38：374–378.

［7］ SIDDIQI M R. CIH Descriptions of Plant-parasitic Nematodes [J]. Commonwealth Institute of Helminthology，1985：106–120.

［8］ SIDDIQI M R. Tylenchida Parasites of plants and insects，2nd edition[M]. CABI Publishing，Wallingford（GB），2000：354–357.

［9］ WANG Y S，XIE B Y，WAN F H，et al. The potential geographic distribution of *Radopholus similis*[J]. Agricultural Sciences in China，2007，6（12）：1444–1449.

（撰稿人：卓侃，林雪）

第十四章

西班牙根结线虫
（*Meloidogyne hispanica* Hirschmann）

一、分类地位

线虫门Nematoda

色矛纲Chromadorea

小杆目Rhabditida

根结科Meloidogynidae

根结属*Meloidogyne*

二、英文名

spain root-knot nematode。

三、中文名

西班牙根结线虫，塞维利亚根结线虫。

四、起源、来源、原产地和世界其他国家和地区的分布情况

西班牙根结线虫最早于1986年在西班牙的桃树上发现。目前，该线虫在全球各大洲均有发生，包括欧洲的西班牙、葡萄牙、希腊；亚洲的中国、伊朗；北美洲的美国；南美洲的巴西；非洲的南

非；大洋洲的澳大利亚等[1, 3~7, 9, 10, 15, 16]。

五、入侵中国的最早记录或发现时间

中国于2007年在海南省儋州市的番木瓜上首次发现西班牙根结线虫[1]。

六、传播扩散途径和方式

线虫可随病苗、病土远距离传播。在同一田块中，线虫的传播主要靠病残根或带虫土壤随农事操作传播扩散，另外水流和线虫的活动也可传播扩散。

七、在中国的发生分布情况

1. 我国目前的实际发生分布情况

我国目前仅在海南省儋州市发现西班牙根结线虫[1]。

2. 适生性分布

西班牙根结线虫在所有大洲均有发生，然而发生最广、最普遍是在葡萄牙和西班牙。

八、发生及为害特性

1. 发生与为害

西班牙根结线虫在大田中为害的农业经济作物主要有桃、桑、无花果、番木瓜、葡萄、南瓜、番茄、马铃薯、向日葵等。在室内接种条件下，西班牙根结线虫可寄生大量的作物，如洋葱、欧芹、莴苣、花椰菜、甘蓝、菠菜、甜瓜、黄瓜、大豆、豌豆、玉米、烟草等。另外，抗根结线虫的番茄和辣椒品种并不能完全抗西班牙根结线虫，仅能对线虫起到一定的限制作用。该线虫是固着型内寄生线虫，以二龄幼虫侵染植物的根[8, 13, 14]。

2. 生物生态学特性

西班牙根结线虫的发生与温度关系密切，当土壤温度约为25℃时，最适宜线虫发生发展，当温度超过35℃或低于15℃时，线虫的发生会受到明显的抑制。另外，西班牙根结线虫可与落选短体线虫*Pratylenchus neglectus*形成复合侵染，加重落选短体线虫对马铃薯的为害。该线虫完成生活史所需时间因不同寄主、不同温度而异。20℃时，西班牙根结线虫在感病番茄品种Easypeel和含*Mi-1.2*抗根结线虫基因的番茄品种Rossol根部完成生活史时长约为53天和62天；当温度提高到25℃时，生活史分别缩短至35天和53天左右[12, 14]。

3. 主要形态特征与症状识别

（1）形态特征

雌虫呈梨形，长570～1 180 μm，宽330～740 μm。颈短，140～440 μm。口针长13.6～14.6 μm，锥体部略背弯，基部略粗，前缘向后倾斜，与杆部分界明显。排泄孔位于口针基部球和中食道球之间。会阴花纹卵圆形，具较粗的线纹，背弓通常低，少数较高，具弱的侧线（图14-1）。

雄虫蠕虫形，体长1 340.6～1 990 μm。头部高，圆，与虫体明显缢缩。具侧唇。口针长21.7～24.3 μm，口针基部球球状，前缘向后倾斜，与杆部分界明显。侧线4条，少数5条。交合刺1对，长31.1～33.7 μm，引带小，长7.4～9.3 μm。尾短，长10.7～16.2 μm（图14-2）。

侵染前二龄幼虫蠕虫形，虫体细长，长356.4～441.4 μm。头部平。口针纤细，长10.4～11.9 μm，口针基部球圆、向后倾斜。

半月体位于排泄孔前。侧线4条。尾部透明区不明显，尾末端细圆（图14-3）。

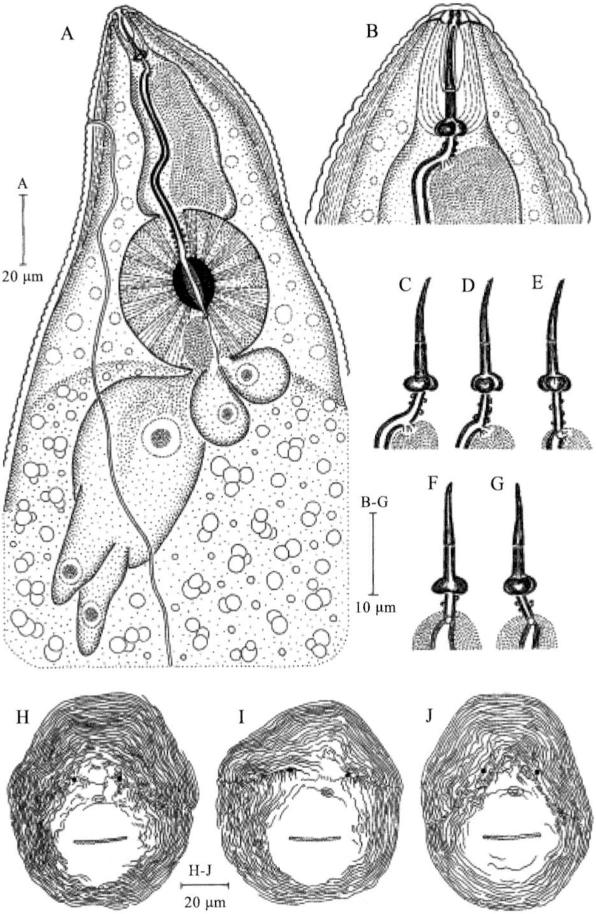

A：食道腺；B：唇区；C～G：口针；H～J：会阴花纹。

图14-1　西班牙根结线虫雌虫[10]

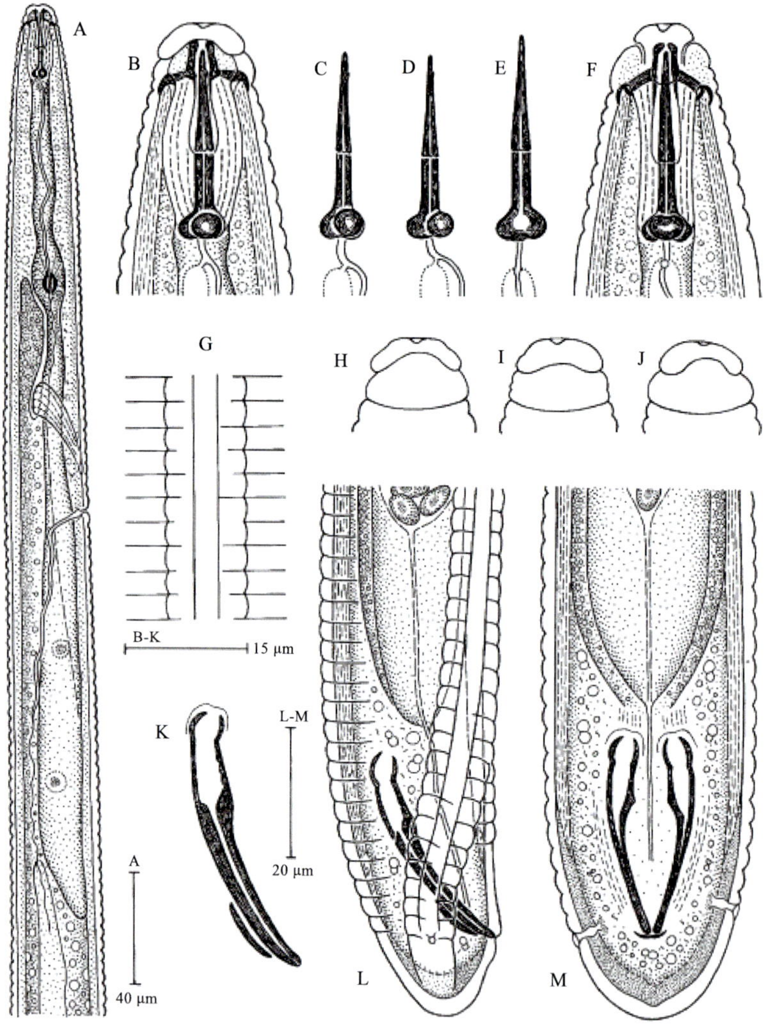

A：食道腺；B，F：唇区；C～E：口针；G：体中部侧区；
H～J：头部形态；K：交接刺和引带；L：尾部侧面观；M：尾部腹面观。

图14-2　西班牙根结线虫雄虫[10]

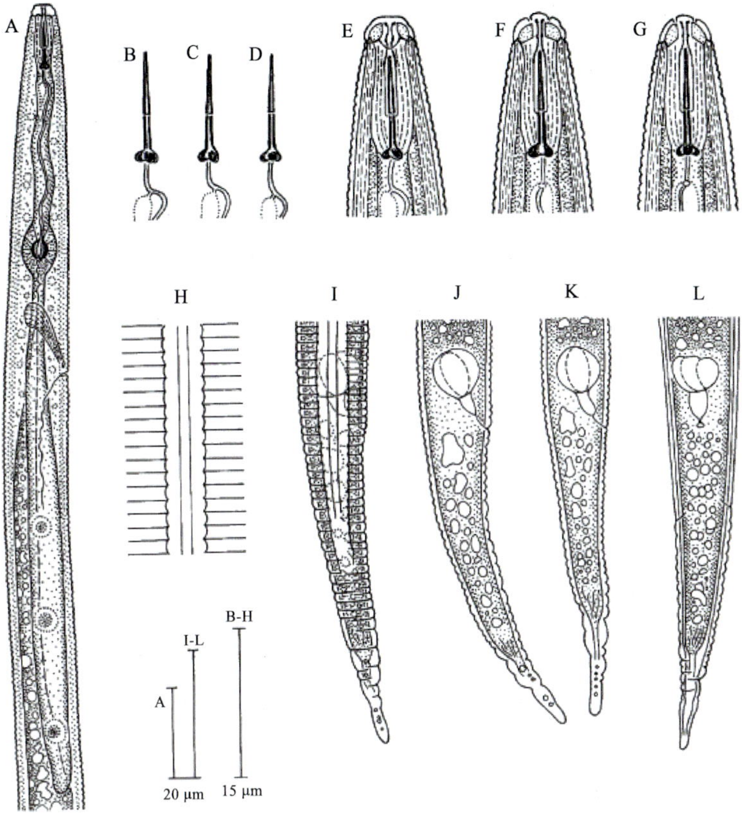

A：食道腺；B～D：口针；E～G：唇区；H：体中部侧区；I～L：尾部。

图14-3 西班牙根结线虫侵染前二龄幼虫[10]

（2）症状识别

西班牙根结线虫侵染植物的根部，导致根部形成根结。线虫为害轻时，植株地上部主要表现为生长发育不良，叶色较淡，似缺水缺肥状；为害严重时，植株叶小而黄化，矮化，甚至萎蔫死亡。

4. 线虫的快速分子检测方法

我国学者应用PCR-RFLP技术开发了西班牙根结线虫的特异性分子检测技术，利用通用引物194（5′-TTAACTTGCCAGATCGGACG-3′）/195（5′-TCTAATGAGCCGTACGC-3′）对rDNA-IGS2区进行扩增，可获得约710 bp的特异条带，再利用限制性内切酶*Taq* I对该PCR产物进行酶切，可获得17 bp、26 bp、119 bp和554 bp 4条带，其中554 bp条带是西班牙根结线虫的特异性条带。该方法可对单条线虫进行检测[2]。

九、防控措施

对西班牙根结线虫病的防控，在无病区应以检疫为主，在病区采取化学防治为主，辅以农业防治的综合措施。

1. 植物检疫

对从病区或外地调进无病区的苗木，在移植前必须进行严格的检验检疫，发现带病苗木应及时销毁，以防西班牙根结线虫的传入和蔓延。

2. 化学防治

用非熏蒸性杀线虫剂如阿维菌素和噻唑膦处理土壤。用熏蒸性杀线虫剂如威百亩处理育苗基质和发病大田土壤。

3. 农业防治

选用没有发生过根结线虫的苗床或地块进行育苗或种植，育苗时选用不带有根结线虫的基质。种植前，清除前茬作物留下的作物根系病残体，用除草剂防除田间杂草。种植时，可施用充分腐熟的有机肥和生物肥。

参考文献

[1] 王暄，李红梅，胡永坚，徐建华. 根结线虫在中国的新纪录种：西班牙根结线虫（*Meloidogyne hispanica* Hirschmann）[J]. 植物病理学报，2007，37（3）：321-324.

[2] 胡永坚，王暄，李红梅. 2007. 西班牙根结线虫日rDNA特性及其检测方法[J]. 南京农业大学学报，30（4）：62-65.

[3] ABRANTES I，BARATA J P T，SANTOS M S N，et al. Plant-parasitic nematodes associated with fig trees in Portugal[J]. Turkish Phytopathological Society Publications，1994，7：407-440.

[4] ABRANTES I，SANTOS V D，CONCEICAO I L P M，et al. Root-knot and other plant-parasitic nematodes associated with fig trees in Portugal[J]. Nematologia Mediterranea，2008，36：131-136.

[5] CARNEIRO R M D G，ALMEIDA M R A，GOMES A C M M. First record of *Meloidogyne hispanica* Hirschmann，1986 on squash in State of Bahia，Brazil[J]. Nematologia Brasileira，2004，28：215-218.

[6] CASTILLO P，GUTIÉRREZ-GUTIÉRREZ C，PALOMARES-RIUS J E，et al. First report of root-knot nematode *Meloidogyne hispanica* infecting grapevines in Southern Spain[J]. Plant Disease，2009，93（12）：1353.

[7] CONCEICAO I L P M，DA CUNHA M J M，FEIO G，et al. Root-knot nematodes，*Meloidogyne* spp.，on potato in

Portugal[J]. Nematology，2009，11（2）：311-313.

[8] ESTEVES I，MALEITA C，PATO T，et al. In vitro reproduction of *Pratylenchus neglectus* on carrot discs and investigation of its interaction with *Meloidogyne hispanica* on potato[J]. European Journal of Plant Pathology，2019，153：957-963.

[9] FARGETTE M. Use of the esterase phenotype in the taxonomy of the genus *Meloidogyne*. 2. Esterase phenotypes observed in West Africa populations and their characterization[J]. Revue de Nématologie，1987，10：45-56.

[10] HIRSCHMANN H. *Meloidogyne hispanica* n. sp.（Nematoda：Meloidogynidae），the Seville Root-Knot Nematode[J]. Journal of Nematology，1986，18（4）：520-532.

[11] KARSSEN G. The plant-parasitic nematode genus *Meloidogyne* Goldi（Tylenchida）in Europe[M]. University of Gent，Belgium，1892：115-118.

[12] MALEITA C，CURTIS R，ABRANTES I. Thermal requirements for the embryonic development and life cycle of *Meloidogyne hispanica*[J]. Plant Pathology，2012，61（5）：1002-1010.

[13] MALEITA C，CURTIS R H C，POWERS S J，et al. Host status of cultivated plants to *Meloidogyne hispanica*[J]. European Journal of Plant Pathology，2012，133（2）：449-460.

[14] MALEITA C，SANTOS M C V D S，CURTIS R H C，

et al. Effect of the *Mi* gene on reproduction of *Meloidogyne hispanica* on tomato genotypes[J]. Nematology，2011，13（8）：939-949.

[15] SHOKOOHI E，PARASTAR Z，PANAHI H，et al. First report of *Meloidogyne hispanica* in Iran[J]. Australasian Plant Dis. Notes，2016，11（1）：1-3.

[16] TZORTZAKAKIS E A，ANASTASIADIS A I，SIMOGLOU K B，et al. First report of the root-knot nematode，*Meloidogyne hispanica*，infecting Sunflower in Greece[J]. Plant Disease，2014，98（5）：703.

（撰稿人：卓侃，陈敏）